RAÇA PURA
uma história da eugenia no Brasil e no mundo

Pietra Diwan

RAÇA PURA
uma história da eugenia no Brasil e no mundo

Copyright© 2007 Pietra Stefania Diwan
Todos os direitos desta edição reservados à
Editora Contexto (Editora Pinsky Ltda.)

Montagem de capa e diagramação
Gustavo S. Vilas Boas

Preparação de textos
Lilian Aquino

Revisão
Liliana Gageiro Cruz

Pesquisa iconográfica
Clio Foto e Texto / Etoile Shaw

Dados Internacionais de Catalogação na Publicação (CIP)
(Câmara Brasileira do Livro, SP, Brasil)

Diwan, Pietra
Raça pura : uma história da eugenia no Brasil e no mundo /
Pietra Diwan. – 2. ed., 5ª reimpressão. – São Paulo : Contexto, 2025.

Bibliografia.
ISBN 978-85-7244-372-2

1. Eugenia – História 2. Eugenia – Aspectos morais e éticos
I. Título.

07-6370   CDD-363.9209

Índice para catálogo sistemático:
1. Eugenia : Problemas sociais : História   363.9209

2025

EDITORA CONTEXTO
Diretor editorial: *Jaime Pinsky*

Rua Dr. José Elias, 520 – Alto da Lapa
05083-030 – São Paulo – SP
PABX: (11) 3832 5838
contato@editoracontexto.com.br
www.editoracontexto.com.br

Proibida a reprodução total ou parcial.
Os infratores serão processados na forma da lei.

Ao Eduardo, meu companheiro e incentivador.
À pequena Beatriz, fruto de um amor único:
que ela cresça num mundo mais tolerante e justo!

Sumário

INTRODUÇÃO _____ 9
Eugenia, o último tabu do século xx

    Passados que não passam _____ 9

    A árvore da eugenia _____ 13

    Como contar o incontável? _____ 15

A EUGENIA E SUA GENÉTICA HISTÓRICA _____ 21
A gênese de uma pseudociência

    O palimpsesto da superioridade humana _____ 21

    A genética da genética _____ 27

    A Inglaterra degenerada _____ 33

    Francis Galton: o pai da eugenia _____ 37

"SUPER-HOMEM" NO PODER _____ 47
Governos usam a eugenia como arma ideológica

    Um sucesso institucionalizado mundialmente _____ 47

    Segregação e restrição: o medo do "diferente" _____ 51

    Em defesa da super-raça, a ciência da morte _____ 63

    Nórdicos, brancos e puros _____ 71

    Os supersamurais e o aborto taoista _____ 74

    Mestiçagem cósmica ou superioridade latina? _____ 76

O PARADOXO TUPINIQUIM _____ 87
A intelectualidade brasileira embriaga-se com as ideias eugenistas

Ameaça mestiça nos trópicos _____ 87

Primeira fase: eugenia positiva e sanitarismo _____ 92

Monteiro Lobato e o futuro eugenizado _____ 105

Segunda fase: a radicalização da eugenia _____ 112

Política imigratória e esquecimento _____ 117

RENATO KEHL, O MÉDICO DO ESPETÁCULO _____ 123
Como salvar um povo feio, inculto e triste?

O regenerador da raça _____ 123

Os médicos e os monstros _____ 133

Do centro ao isolamento _____ 148

BIBLIOGRAFIA _____ 153

ICONOGRAFIA _____ 157

A AUTORA _____ 159

Introdução
Eugenia, o último tabu do século xx

Passados que não passam

Investigar a história da eugenia traz desconforto. Não é um tema fácil de pesquisar pelo fato de termos de lidar todo o tempo com o desprezo, a segregação e o desejo de controle de um grupo sobre o outro. Por outro lado, conhecer essa história é ter a possibilidade de refletir sobre um tema ainda pouco divulgado no Brasil e de grande importância para se entender o presente. A eugenia não é o único tema caracterizado por desconforto e relevância histórica: a escravidão e a Inquisição são exemplos dessa dualidade.

A Inquisição se instalou por toda a Europa sob o argumento religioso e perseguiu ciganos, judeus e mulheres acusadas de bruxaria que ameaçavam a Igreja Católica. A insegurança da Igreja quanto à diminuição de seus fiéis na Europa desde o nascimento do protestantismo e a incredulidade dos cientistas colocaram em xeque os dogmas religiosos vigentes em defesa de uma percepção de mundo mais humanizada e menos "celestial". Assim, a Santa Sé apostou no proselitismo dos nativos do Novo Mundo submetendo uma enormidade de indígenas à fé cristã. Ameaçada, a religião católica queimou, torturou e envergonhou milhares de pessoas em nome de Deus.

Num outro momento histórico, a escravidão foi usada para justificar interesses político-econômicos e incrementar o modo de produção, gerando mais e mais lucro para os "senhores" donos de escravos. Com a "coisificação" de negros e de diversas minorias dominadas e submetidas ao longo de vários séculos, no Brasil, a escravidão foi abolida tardiamente, perpetuando a dívida do país com a comunidade afrodescendente, que ainda tem muito a recuperar pelo sofrimento ancestral de suas famílias.

A eugenia, ao contrário desses dois exemplos, não lida com a incompreensão religiosa e tampouco com os embates de um sistema de dominação político-econômico. Com *status* de disciplina científica, objetivou implantar um método de seleção humana baseada em premissas biológicas. E isso através da ciência, que sempre se pretendeu neutra e analítica. Talvez por esse motivo a eugenia tenha se tornado um dos últimos tabus do século xx. A "caixa-preta" da eugenia segue sendo aberta por pesquisadores no Brasil e no mundo, mas ainda há muito por pesquisar e refletir, principalmente neste nosso século xxi, o século da genética.

Pensar nos avanços médicos e biológicos dos últimos anos é ver algo além de uma tentativa de criar novas tecnologias para melhorar a vida e a saúde humana. Desde 1994, através da aliança de diversos laboratórios de pesquisa genética, desenvolveu-se uma corrida pela leitura do DNA humano. Primeiramente, pequenos insetos e animais foram estudados, e finalmente, após oito anos, o Projeto Genoma Humano mostrou ao mundo que somos, fundamentalmente, uma cadeia espiral de três bilhões de genes encadeados. De acordo com os cientistas que participam do projeto, essa descoberta ajudará a evitar doenças congênitas, além de possibilitar a modificação das cadeias de DNA a fim de *corrigir* possíveis falhas genéticas. Para esses pesquisadores, a inventividade, a criação e a subjetividade tornaram-se passíveis de entendimento por meio da análise da sequência de letras, o que chamaram de "código da vida".

Enquanto isso, a saúde vem se transformando num produto comercializável. Ter saúde significa poder comprar medicamentos de última geração, fórmulas diferentes para novos *modos de viver*, métodos de movimentação corporal, exercícios físicos e uma vasta rede de serviços e técnicas para o bem-estar físico. O corpo saudável adquiriu valor de mercado na sociedade capitalista, na qual parece que quanto mais se adquire saúde, mais sucesso se tem! Da mesma forma, a beleza também se tornou uma mercadoria. Ela é um atributo da saúde conquistada com esforço, dedicação ou altas contas em clínicas estéticas. Nessas clínicas, mais e mais pessoas se enfileiram em busca da perfeição corporal. Se você possui algum "defeito" ou "detesta" alguma parte de seu corpo, a cosmética tem as "armas" e o poder para resolver qualquer problema. Na imprensa brasileira, diversas matérias fazem referência à importância de se ter saúde e ser belo. O Brasil atualmente é o segundo país no mundo em número de cirurgias plásticas, só perdendo para os Estados Unidos. Homens e mulheres em busca da perfeição corporal são cortados, costurados, espetados por agulhas, queimados por raios laser, besuntados e massageados com cremes, pagando preços muito inferiores aos de uma década atrás. Se por um lado, há a democratização da beleza, por outro, há uma vulgarização dos corpos. Todos "esculpidos" de acordo com os modismos de cada estação. A tentativa de se obter uma boa aparência ou o "corpo perfeito" vincula-se, dessa forma, não somente à antoestima: o sucesso pessoal e a perspectiva de um novo emprego estão ligados à boa aparência. Uma recente pesquisa feita pela Universidade de Bath, na Inglaterra, constatou que "réus feios têm mais chances de ser condenados", o que demonstra que a justiça não é cega, uma vez que os jurados que foram submetidos à pesquisa mostraram aversão aos réus de "má aparência", independentemente de sua raça. Isso indica que cada vez mais as relações sociais são condicionadas pelas aparências.

Com a supervalorização da boa forma física e a exposição do corpo considerado jovem, o espartilho que se usava na década de 1920 está, agora, "dentro de cada um", e o que era preocupação estética e cosmética exclusiva da mulher[1] transformou-se numa preocupação médica para ambos os sexos. Cada vez mais a estética se especializa, e profissionais os mais diversos são requeridos dentro de clínicas. Não se trata unicamente de ir ao salão de beleza, mas à clínica dentro da qual as referências médicas imperam e a atmosfera hospitalar é recorrente, como se todos vestissem branco para cuidar da aparência. Nesse mundo moderno temos o dever de ser belos, magros, ter cabelos lisos, pouco pelo e parecer "naturais" diante do espelho, de nós mesmos e dos outros. E, para conquistar mais saúde, juventude e beleza, os caminhos científicos e industriais não cessam de se multiplicar, principalmente depois do advento da revolução que casou a informática com a genética em meados dos anos 1970, resultando em seres transgênicos e em produtos e técnicas outrora inimagináveis.

A ovelha Dolly foi sacrificada em 2003. O primeiro clone animal nasceu em Edimburgo, na Escócia, em 5 de julho de 1996. Dolly foi o primeiro clone feito a partir da célula adulta de um mamífero. Embora com aparência normal, possuía diversas anomalias cromossômicas. Sofria de envelhecimento precoce; à sua verdadeira idade, deveria se somar a da ovelha de 6 anos da qual se retirou a célula mamária que lhe deu origem. Assim, Dolly foi sacrificada 7 anos após seu nascimento, por sofrer de uma doença degenerativa. Isso questiona a própria eficiência da clonagem. De fato, centenas de animais já foram clonados e boa parte deles apresentaram más-formações genéticas e físicas. No Japão, cientistas criaram uma mistura de porco com espinafre. A inserção de genes de espinafre em suínos tem por objetivo produzir uma carne menos gordurosa e mais saudável. Mas os cientistas consideram que ainda é cedo para dizer se essa carne é tão saudável quanto o espinafre.

Clonagem, transgênicos, saúde, beleza são palavras que circulam diariamente pelas páginas dos jornais e pelos canais de televisão. São termos que fazem parte de nossas vidas e cuja historicidade, no entanto, desconhecemos. Afinal, por que hoje faz tanto sentido olhar os rótulos dos alimentos, ser ou não contrário à plantação, comercialização e importação do milho transgênico no Brasil? Bruno Latour chamou esse processo de "proliferação dos híbridos",[2] seres ou coisas que são um *mix* de natureza e cultura, que acabam por se sobrepor àquilo que durante muito tempo o mundo ocidental – do hemisfério norte – procurou fazer: segmentar a vida, separar tudo em compartimentos. Já não é mais possível ao ocidental ler o mundo segmentado. O mundo agora está disposto em forma de rede, articulando ao mesmo tempo diversas dimensões da vida numa universalidade multicultural e sobreposta.

Nesse sentido, fazer um pequeno retrospecto dessa história do presente contribui para identificar algumas das motivações principais para a elaboração deste livro, que teve sua origem na pesquisa feita para minha dissertação de mestrado, intitulada *O espetáculo do feio: práticas discursivas e redes de poder no eugenismo de Renato Kehl (1917-1937)*. O resultado final é fruto da parceria com a Editora

Contexto, que a partir do projeto original acreditou na ideia de um livro que contasse a história da eugenia e as relações entre ciência e poder. Ao contemplar o final do século XIX e início do século XX, mais exatamente o período entre 1859 e 1945, refletiremos como é possível, hoje, pensar questões relacionadas à ideia de saúde e bem-estar, aliadas aos preceitos estéticos e científicos, muitas vezes usados como fonte de controle da vida social. Por intermédio de "redes de poder", esse controle sobre a vida se desdobra de maneira sutil, mesmo que por vezes extrapole, a pretensa sacralidade dos laboratórios médicos e científicos.

Construir o super-homem e perseguir a pureza da raça através da eugenia foi uma obstinação de muitas nações. Sob os mais diversos argumentos segregaram, mutilaram e executaram milhares de pessoas em todo o mundo. Nas páginas deste livro mostro como a ciência e o poder podem se aliar e criar políticas preconceituosas, por vezes genocidas, que sob o discurso da diferença biológica separaram sociedades em classes sociais e confinaram os diferentes – considerados doentes por esses "cientistas" – em guetos, sanatórios prisões e campos de trabalho forçado. Talvez esta seja uma contribuição para a percepção de nossa sociedade com menos segregação e mais tolerância, com menos divergências e mais consensos.

A ÁRVORE DA EUGENIA

Somos uma semente que brota, nasce, cresce e morre. Deixamos novas sementes que se tornarão nossos descendentes, e o ciclo recomeça. Herança, descendência, continuidade. Fazendo a transposição da vida para a árvore é possível encontrar essa noção de circularidade. "Vens do pó e ao pó tornarás", como afirmam a Bíblia e a doutrina da reencarnação espírita. Esse paradigma da árvore está tão "enraizado" na formação de cada ocidental que é quase improvável vislumbrar outra possibilidade de entendimento do ciclo da vida.

As árvores possuem raízes, troncos, galhos e folhas. Cada uma das suas partes carrega significado e sentido. As raízes sempre são utilizadas para construir a metáfora da tradição, da memória e da história. O tronco da árvore tem a função de transportar os nutrientes extraídos da terra pelas raízes para os galhos e as folhas, que serão alimentadas também pela luz solar e pelo oxigênio (na metáfora, o meio ambiente), dois componentes fundamentais para a sobrevivência da árvore ou de qualquer ser vivo. As folhas serão "o rosto da árvore". Através delas constatamos sua saúde e aparência. São as folhas que interagem principalmente com o meio exterior e, na nossa metáfora, elas são os indivíduos.

A história da eugenia pode se servir da metáfora da árvore e de seu paradigma. Uma árvore frondosa, repleta de galhos e folhas. Seu tronco é firme e grande. Nas raízes estão as disciplinas que contribuem para dar embasamento e estrutura à eugenia. Na imagem da árvore da eugenia, indiretamente, percebe-se que suas "raízes" querem dizer alguma coisa que não está dita à primeira vista. Genética, antropologia, estatística, genealogia, biografia, medicina, psiquiatria, cirurgia, economia, leis e testes mentais figuram entre as disciplinas dispostas nas raízes dessa árvore eugênica. Aí estão as ciências que necessitam, de uma maneira ou de outra, da planificação dos dados, do esquadrinhamento, da categorização e da experiência empírica para comprovar seus dados, as conhecidas ciências objetivas.

Ao falar da árvore da eugenia, é possível remeter o leitor ao símbolo do Segundo Congresso Internacional de Eugenia, realizado no ano de 1921, em Nova York, Estados Unidos, e à imagem encontrada no livro *Sexo e civilização,* do médico eugenista brasileiro Renato Kehl. Chamada de *eugenics tree logo,* a árvore da eugenia traz consigo os seguintes dizeres: "Like a tree, eugenics draws its materials from many sources, organizes them into an harmonious entity" [Como a árvore, a eugenia extrai sua matéria-prima de diversas fontes e organiza-as numa entidade harmoniosa], e o título: "Eugenics is the self direction of human volution" [A eugenia é o próprio sentido da evolução humana].

Com o olhar de historiadora, lancei-me a observar se a História estava lá. Em meio a 24 diferentes disciplinas, emaranhadas raízes, umas maiores e mais grossas, outras menores e mais estreitas, encontrei-a. À História, os eugenistas reservaram o lugar entre a Geologia e a Antropometria. Tendo em mente que essa árvore reflete uma sociedade ideal, para os eugenistas a História desempenha um papel secundário.

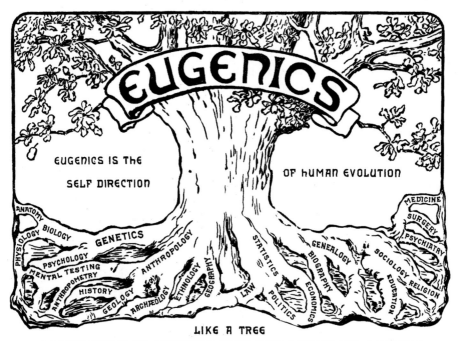

A árvore da eugenia, símbolo máximo da evolução humana, serviu de metáfora para os eugenistas do Segundo Congresso Internacional de Eugenia, realizado no ano de 1921, em Nova York.

Dessa forma, essa árvore contém em si a própria concepção de eugenia. O conhecimento científico se sobrepõe à experiência humana, as relações sociais determinadas pela história cumprem um papel secundário. É através das várias disciplinas dessa grande árvore que se pode conhecer e conduzir a vida, a experiência e a história. As folhas, que na árvore são o rosto, podem ser também, nesse caso, o corpo, o indivíduo. Folhas verdes, corpos saudáveis e eugênicos.

Como contar o incontável?

Este livro questionará alguns aspectos desse paradigma da árvore como modo de representação da vida, entendido aqui como representação do ideal de melhoria da raça para se atingir a pureza racial. No entanto, como poderá ser visto, a árvore, enquanto modo de representação da sociedade, não deixará de funcionar também na forma de uma rede. Uma rede de poder, com formas de dominação e de exclusão por vezes sutis e por vezes bastante evidentes. Na verdade, essa rede de poder que caracteriza a árvore da eugenia e dela deriva/sugere os contatos entre eugenistas no mundo todo, e também no Brasil, com Renato Kehl.

Embora se pretenda a-histórica e una, esse rede é histórica e diversificada. Com a proposta de identificar as alianças, as formas de visibilidade e de publicidade, é possível ver que em seu interior há relações entre os poderes público e privado, relações entre o exterior e o Brasil, entre médicos, políticos e intelectuais e muitos outros profissionais. Essa rede expressará a particularidade do tema aqui pesquisado: a consolidação de um eugenismo *sui generis,* diferente em cada local onde se instalou. Seja no Brasil, nos Estados Unidos, na Alemanha, na Escandinávia, na América Latina ou mesmo na Ásia.

A preocupação da comunidade médico-científica com os fenômenos ligados à população, tais como as epidemias, a miséria e o trabalho industrial, criarão novas estratégias de controle do corpo. Associadas às tecnologias já aplicadas em outros países do mundo, elas chegaram ao Brasil através da divulgação de associações e grupos eugenistas internacionais. Esse controle tratará de investir no corpo individual, de estimular a ingerência policial e médica na vida conjugal e sexual de cada um. Essa intervenção tende a ser feita com o apoio do discurso médico, que a partir de então transporta a sexualidade e o corpo de cada um para o campo da ciência e muitos dos preceitos médicos desta para dentro da intimidade de cada núcleo familiar. Cria-se uma política científica, que pensará os "males do corpo" e suas soluções. A eugenia nasce no interior desse problema.

Assim, a rede de poder ajudará na visualização desses interventores. Ela dará conta de mostrar a multiplicidade de ideias e de adeptos da eugenia, sem sub ou supervalorizar nenhum de seus participantes.

A constituição dessa rede é similar àquilo que Deleuze e Guattari chamaram de *segmentaridade arborificada.* Para esses autores, o centralizado não se opõe ao segmentário. O rosto do pai, do professor, do coronel, do patrão redundam e remetem a um centro de significância que percorre diversos círculos e repassa por todos os segmentos.[3] Assim, não se têm diversos *olhos* no céu, mas sim um olho central, que varre a vida em todos os sentidos. Dessa forma se caracterizam todos os Estados modernos como segmentaridades arborificadas. Deleuze e Guattari constataram que o nazismo só se tornou possível com a formação de microorganizações que lhe davam "um meio incomparável, insubstituível, de penetrar em todas as células da sociedade". Essa potência micropolítica ou molecular torna o fascismo perigoso, por ser um movimento de massa: um corpo canceroso, mais que um organismo totalitário.

Nesse sentido, usar os conceitos de árvore e rede é obedecer a essa lógica, em que um movimento pode ser centralizado e rotacional e ao mesmo tempo repleto de segmentaridades e microfascismos. Esses dois conceitos, portanto, não são conflitantes, um faz parte do outro (árvore – rede) e ambos possibilitam a emergência do eugenismo por meio de organizações, contatos e interesses diversos – baseados nas teorias biologizantes – que, somados, caem num ponto de acumulação. No entanto, quando remetemos para o plano molar da eugenia utilizamos também o conceito de *braço* para identificar as segmentaridades desse eugenismo: alienismo, higiene, educação, educação física, educação sexual, legislação, genética, imigração, cruzamentos controlados etc. Tais *braços* trabalham em prol de uma mesma ideia: o melhoramento da raça humana.

Desse modo, não pretendo fazer uma história definitiva da eugenia, mas principalmente mostrar a rede de relações que compõe a empreitada pela eugenia no mundo – seus adeptos, incentivadores e financiadores –, assim como identificar a tentativa de Renato Kehl, no Brasil, de desumanizar o corpo imperfeito, ou disgênico, relacionando-o à *fealdade, anormalidade, monstruosidade e doença*.

Pretendo mostrar ao leitor como o eugenismo constitui-se (e é constituído) de uma história que envolveu disputas entre médicos e políticos, entre profissionais de saúde, e entre estes e outras instituições, tais como a Igreja, o Estado e a indústria. Investigar a eugenia é também, em grande medida, retornar à história da saúde pública e da higiene, tentando compreender como o discurso eugênico influenciou os discursos científicos, tornando-se, muitas vezes, o pivô de disputas entre medicina e política, que estiveram por diversos momentos da história do início do século xx aliadas de acordo com seus interesses. Nesse aspecto, o estudo da eugenia representa, ainda, adentrar na história da medicina para entender os estudos contemporâneos sobre a ética na manipulação dos genes e os riscos da emergência de um neoeugenismo pautado na terapia genética, na seleção embrionária para obtenção de bebês cada vez mais saudáveis. Tentarei historicizar o sentido da produção dos eugenistas, tendo em vista principalmente a rede de relações que tornou possível hoje lembrar que a eugenia está relacionada aos horrores praticados pelo nazismo e a Renato Kehl como o mais importante eugenista brasileiro. Diversas conexões foram identificadas entre Renato Kehl e intelectuais brasileiros influentes na época.

A amnésia em relação ao termo *eugenia* após o final da Segunda Guerra Mundial foi motivo de grande controvérsia quando associado ao regime nazista, que se serviu das doutrinas eugenistas para justificar suas atrocidades. No Brasil, essa amnésia voluntária foi produzida historicamente e dificulta a construção crítica da nossa história. Sem a intenção de julgar Renato Kehl, discordo da carta de Toledo Piza Junior, que diz: "A verdade é que você [Renato Kehl] está sempre só", ou do que Monteiro Lobato escreveu: "Dás-me a impressão de um D. Quixote científico, com todo o nobre entusiasmo do manchego mas sem a loucura dele a pregar para uma legião de Panças". Perceber Renato Kehl a partir do que ele é também é distribuir a responsabilidade com todos aqueles que partilharam e participaram dos congressos eugenistas com palestras e conferências, ganhando espaço em páginas de jornais e revistas.

Neste livro foram utilizadas fontes primárias e fontes secundárias. As fontes primárias serviram principalmente para dar conta da reflexão acerca do eugenismo no Brasil. Cartas e documentos do Fundo Renato Kehl, guardado na Fundação Casa de Oswaldo Cruz, no Rio de Janeiro, além de uma abundante bibliografia presente na Biblioteca Municipal Mário de Andrade, em São Paulo, fazem parte dessa documentação sobre a eugenia, ainda pouco estudada. Quanto às fontes secundárias, o material é vasto. No início da década de 1990, o tema da eugenia tornou-se bastante visado no mundo todo. Atualmente é possível encontrar mais de duas centenas de títulos sobre eugenia em diversos idiomas. Esses trabalhos são fruto de excepcionais pesquisas realizadas por diversos historiadores e pesquisadores em diversas áreas de atuação. No caso da eugenia internacional, destaco os trabalhos de Raquel Pelaez, André Pichot e Nancy Stepan, respectivamente responsáveis pelo desenvolvimento de pesquisas sobre Francis Galton, a eugenia de Darwin a Hitler e a eugenia na América Latina. Em relação à pesquisa nacional, o único livro publicado que trata do tema da eugenia reúne excelentes trabalhos de pesquisadores brasileiros organizados pela professora Maria Lucia Boarini.

O capítulo "A eugenia e sua genética histórica" trata dos fundamentos da eugenia moderna tendo em vista as correntes teóricas da biologia e a conjuntura histórica que proporcionou seu surgimento na Inglaterra vitoriana sob a obstinação científica de Francis Galton, o pai da eugenia. O capítulo "'Super-homem' no poder" aborda como o uso prático da eugenia pelos países no início do século xx transformou a teoria de melhoria da raça em arma política de manipulação e controle. Milhares de esterilizações foram realizadas em busca da raça pura. O capítulo "O paradoxo tupiniquim" é dedicado à eugenia no Brasil, com ênfase em seus participantes e instituições que proporcionaram o desenvolvimento dessa teoria ligada à formação de uma nação genuinamente brasileira. O último capítulo, "Renato Kehl, o médico do espetáculo", concentra-se no caso de Renato Kehl, maior propagandista da eugenia no Brasil. Muito bem relacionado, essa influente figura no meio intelectual brasileiro defendeu ao longo de mais de três décadas a implantação de uma eugenia de cunho radical no Brasil, terra de um *melting pot* racial diverso e sem precedentes no mundo. Espero que este livro crie uma via de saber acessível e crítica ao público interessado no passado, para compreender muitos dos preconceitos e intolerâncias do presente e principalmente para fazer passar os passados que não passam.

NOTAS

[1] Para saber mais sobre os significados do embelezamento feminino durante o século xx no Brasil, ver o completo e minucioso trabalho de Denise Bernuzzi de Sant'Anna, La Recherche de la beauté. Une contribution à l'histoire des pratiques et des representations de l'embellissement féminin au Brésil – 1900 à 1980, Paris, 1994, tese de doutorado, História e Civilizações, Universidade de Paris vII.

[2] Bruno Latour, Jamais fomos modernos, São Paulo, Editora 34, 1994, pp. 7-8.

[3] Gilles Deleuze e Félix Guattari, "1933: Micropolítica e segmetaridade", em Mil platôs: capitalismo e esquizofrenia, 2. ed., São Paulo, Editora 34, 1999, v. 3, pp. 83-115.

A EUGENIA E SUA GENÉTICA HISTÓRICA
A gênese de uma pseudociência

O PALIMPSESTO DA SUPERIORIDADE HUMANA

Purificar a raça. Aperfeiçoar o homem. Evoluir a cada geração. Se superar. Ser saudável. Ser belo. Ser forte. Todas as afirmativas anteriores estão contidas na concepção de eugenia. Para ser o melhor, o mais apto, o mais adaptado é necessário competir e derrotar o mais fraco pela concorrência. Luta de raças. Para a política, luta de classes.

A eugenia moderna nasceu sob essas ideias principais. Uma invenção burguesa gerada na Inglaterra industrial em crise. Mas analisar a origem da eugenia, assim como seus objetivos e fundamentos não é tarefa fácil, pois apesar de se autodenominar ciência, essa teoria está repleta de ambiguidades e argumentos subjetivos. Para entender sua complexidade é importante ter em vista que a eugenia se inspirou nas ideias sobre superioridade, natureza e sociedade que foram construídas ao longo dos séculos pelo pensamento ocidental.

Os ideais eugênicos modernos remontam à Antiguidade. Os padrões de beleza física da Grécia Antiga, assim como os exemplos de força dos exércitos de Esparta e, séculos antes, as regras de higiene dos hebreus e sua profilaxia também inspiraram os teóricos

Os padrões de beleza expressos pelos gregos antigos foram o parâmetro de saúde física e mental para os eugenistas, tal como na clássica escultura grega que representa o esportista Discóbolo.

eugenistas da segunda metade do século XIX e princípios do século XX. Na Grécia Antiga colocou-se em prática uma medida que tinha em vista a purificação da raça, durante o apogeu da cidade-estado de Esparta. De acordo com Plutarco, o conjunto de leis de Licurgo no século VIII a.C. previa que desde o nascimento até a morte, todo espartano varão pertencia ao Estado. Todos os recém-nascidos eram examinados cuidadosamente por um conselho de anciãos e, se constatada anormalidade física, mental ou falta de robustez, ordenava-se o encaminhamento do bebê ao Apotetas (local de abandono) para que fosse lançado de cima do monte Taigeto. Caso contrário, os pais cuidavam de seus filhos até os 7 anos, quando os meninos ingressavam definitivamente na escola de formação militar tutelada pelo Estado. Os filósofos Aristóteles e Platão também pensaram na necessidade de selecionar os casamentos e de estimular o matrimônio dos casais "superiores", tendo em vista a preservação da raça. Essa superioridade não estava baseada somente em poder militar ou em riqueza material, mas na grandeza do arsenal humano. Os espartanos justificaram sua vitória contra os atenienses na Guerra do Peloponeso, no século V a.C., por possuir o exército mais apto, controlado e treinado desde o nascimento.

É possível observar práticas entre os povos antigos para evitar a degeneração de seu povo através de regras higiênicas e rituais. De acordo com os princípios morais e higiênicos dos judeus, registrados na Torá, a circuncisão feita no oitavo dia após o nascimento significa o ritual de inserção na comunidade do "povo eleito" quando afirma: "A mulher quando houver concebido e dado a luz a um filho homem, ficará impura sete dias [...] e ao oitavo dia será circuncidado na carne de seu prepúcio". Para o povo judeu, o ritual de inserção no grupo representado pela circuncisão é tão importante quanto a descendência do sangue puro na afirmação de que só é judeu aquele que nasce de ventre judeu. Dessa forma, apesar de o judaísmo ser uma religião, muitas das relações de seus adeptos são pontuadas pela linhagem de sangue.

As ideias de superioridade e de pureza de determinado grupo não são exclusivas da Antiguidade, tampouco dos eugenistas. Mesmo na Idade Média, em que tudo era resultado da vontade divina, a noção de superioridade do povo cristão sobre os muçulmanos em relação à posse da Terra Santa e a da inferioridade indígena para justificar a dominação do Mundo Novo podem ser constatadas. Não havia descrições raciais nesses argumentos, mas incontestavelmente se desenvolveram estratégias ideológicas que tornaram os cristãos superiores e os muçulmanos e indígenas – infiéis e pagãos, respectivamente – inferiores, justificando assim as guerras de perseguição e o extermínio indígena nas Américas. Esse é apenas um dos exemplos possíveis. Não nos esqueçamos da Inquisição, das guerras de conquista na Ásia e na África, que sempre objetivaram enaltecer a superioridade de um grupo em detrimento de outro.

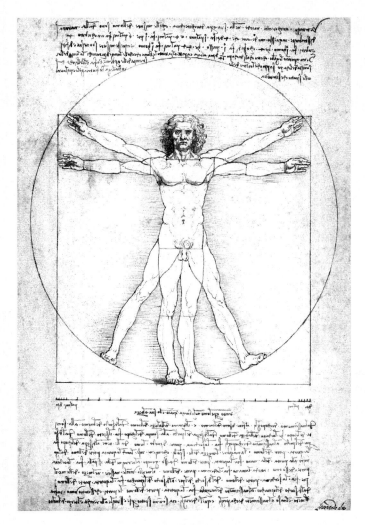

Leonardo da Vinci, inspirado pelo arquiteto romano do século I a.C., Vitrúvio, representou no século xv a beleza do corpo relacionada à proporção. Na tentativa de decifrar o corpo foi criado um "esquema".

Todos os períodos históricos têm exemplos nesse sentido. De modo geral, o século xv foi marcado pela valorização das potências humanas, pelo desenvolvimento da ciência e pela filosofia. Todas essas dimensões tiveram inúmeras representações na arte, tendo motivos de inspiração na matemática, na proporção e na beleza dos antigos. Leonardo da Vinci reabilitou a obra *De Architectura*, datada do século I a.C., do engenheiro romano Vitruvio. Essa obra fornecerá instrumentos suficientes para o uso de proporções nas representações do corpo humano. O *Homem vitruviano* representará a união da forma racionalizada e da arte, da proporção e da simetria, que servirão de base para explicar outros campos do mundo renascentista. O médico belga Andreas Vesalius, na sua obra *De humani corporis fabrica,* fundou a anatomia moderna mostrando o corpo humanizado, material e sem alma. O astrônomo polonês Nicolau Copérnico, o filósofo italiano Giordano Bruno e o astrônomo italiano Galileu Galilei desafiaram as leis da astronomia e a Igreja Católica ao colocar o Sol no centro de um universo

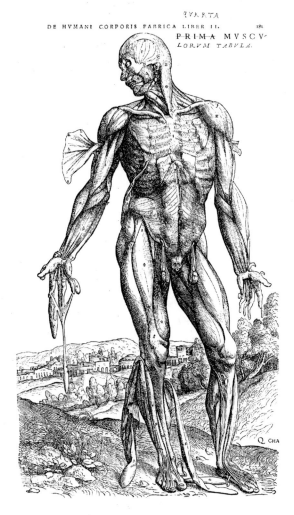

O anatomista Andreas Vesalius questionou em seus desenhos anatômicos do corpo humano, no século XVI, a própria natureza do homem quando mostrou seu interior de maneira racional e não mais espiritual e religiosa, como na Idade Média.

infinito e em movimento. E finalmente, na filosofia, os ingleses Thomas More e Francis Bacon e o italiano Tommaso Campanella, respectivamente nos livros *Utopia, Novum Organum* e *Cidade do Sol,* construíram cada qual seu modelo de sociedade dentro de uma concepção homogeneizante e de valorização do capital, mas ainda de forte inspiração religiosa.

O Renascimento antecedeu a era da razão e posicionou o homem, do ponto de vista filosófico, no centro de tudo. Todas as coisas do mundo estavam disponíveis para o domínio e o conhecimento humano. A natureza, não mais vista como criação divina, poderia ser desvendada e dominada. De um lado, o *Discurso do método,* do francês René Descartes, e sua máxima *"cogito, ergo sum"* [penso, logo existo] revolucionaram o modo de pensar o mundo. Compartimentado, racionalizado e empírico, o mundo material foi definitivamente separado do mundo espiritual. Por outro lado, um filósofo contemporâneo a Descartes afirmou na mesma época que *"bellum omnium contra omnies et"* [guerra de todos contra todos]; no *Leviatã,* o filósofo inglês Thomas Hobbes revelou-nos a inevitável concorrência entre os homens em sociedade, ainda que a natureza esteja dominada.

Os iluministas também produzirão concepções de fundamental importância para os pensadores eugenistas do século xix. Rousseau e Malthus, cada um a sua maneira, trataram de refletir sobre a sociedade, o homem e a natureza. No *Contrato social,* Jean-Jacques Rousseau fez a separação entre a natureza e a sociedade. De origens distintas, o mundo natural ou físico e o mundo político ou moral eram partes de um corpo social. Para Rousseau, no mundo natural e no mundo moral, os conflitos e embates deveriam resultar na superação das desigualdades através de leis e da constituição de um contrato social. No contrato social, a humanidade abdica de parte de suas liberdades individuais a fim de estabelecer um convívio pacífico. Mas se Rousseau, apesar das diferenças na sociedade, via todos os homens iguais por natureza, Thomas Malthus, ao contrário, tinha um ponto de vista bastante pessimista da vida em sociedade, expresso em seu livro *Ensaio sobre as populações,* e, nesse sentido, criticava o crescimento vertiginoso das cidades no pós-Revolução Industrial. Para Malthus, o progresso humano era inevitável e, baseado em dados matemáticos, argumentava que a população aumenta em progressão geométrica enquanto a potência da terra em produzir alimentos cresce em progressão aritmética. Dessa forma, o mundo orgânico e equilibrado da humanidade estava comprometido, já que, diferentemente do mundo animal, em que a seleção natural e a lei do mais forte sobre o mais fraco funcionavam, na sociedade contemporânea esse aspecto fora substituído pelo assistencialismo.

Esse retrospecto de parte da história da filosofia e do pensamento ocidental tem por objetivo dar uma ligeira ideia geral do palimpsesto que compôs o pensamento do século XIX e que proporcionou a emergência da eugenia. Longe de querer aprofundar cada um desses pensadores, o importante é ter em vista que, historicamente, houve sempre o desejo de se proclamar a superioridade de um grupo sobre outro, ou de uma teoria sobre outra, ou mesmo de um tipo de regime político sobre outro. Os melhores, os eleitos, os superiores sempre foram desejados pelo poder. E pertencer ao grupo dos melhores sempre foi o objetivo de muitos, em detrimento dos menos favorecidos. Michel Foucault, em seu livro *Microfísica do poder*,[1] nos ensinou que todos, na época contemporânea, temos estratégias e recursos na vida cotidiana para dominar uns, mas também para permitir que sejamos dominados por outros, às vezes simultaneamente. Mas a novidade do século XIX em relação a todas essas sobreposições teóricas seculares e todas essas temporalidades foi o advento do conhecimento biológico e sua influência na vida social com a finalidade de controlar as populações, entendendo-as como espécie, o que Foucault chamou de biopoder. Esse biopoder emergiu do rápido crescimento do capitalismo no século XIX e sua incidência sobre a vida sujeitará e docilizará os corpos a partir de então, potencializando com sutilezas disciplinares as relações do homem com seu meio social.

A GENÉTICA DA GENÉTICA

Se a natureza havia se tornado campo de conhecimento do homem, e o seu funcionamento um conjunto de regras e teorias, com o biopoder era o momento de serem criadas as técnicas necessárias para ajustar as dissonâncias sociais e disciplinares. A biologia protagonizará esse período e terá a sua era de ouro a partir da segunda metade do século XIX, explicando boa parte dos problemas apresentados pelo seu tempo, sejam eles científicos ou não. Foram três os campos da biologia mais afetados por essas novas descobertas: a fisiologia, a microbiologia e o evolucionismo. De maneira sucinta, a fisiologia teve aplicação imediata na medicina experimental, que explica o funcionamento dos órgãos e sua relação com o organismo; a microbiologia ajudou a fundar o higienismo, com a finalidade de sanar as doenças e as epidemias; e, finalmente, o evolucionismo, que não teve aplicação técnica direta, mas em longo prazo adquiriu repercussão e adesão mundial.

Claude Bernard e sua fisiologia pregavam que a vida poderia ser explicada através da dimensão físico-química da ciência. Essa premissa reforça a concepção de sociedade como um organismo e do organismo como uma máquina. Para Bernard, é do equilíbrio do organismo em relação a seus órgãos que depende a sobrevivência do indivíduo. Transpondo essa ideia para o nível social, é do equilíbrio da sociedade em relação a seus grupos que dependerá a sobrevivência do Estado. Apesar desse entendimento de Bernard entre o corpo e a sociedade, sua teoria não teve muito impacto no seu tempo do ponto de vista ideológico por ser a fisiologia uma disciplina médica muito técnica.

O mesmo não pode ser dito da microbiologia descoberta pelo francês Louis Pasteur. Mais ideológica do que a teoria de Bernard, a teoria de Pasteur obteve repercussão imediata tanto na medicina quanto na sociedade. Suas ideias são fundadoras da saúde pública e da medicina social uma vez que a descoberta dos micróbios possibilitou criar vacinas e outras técnicas curativas para as doenças epidêmicas do século XIX. Chamado de pasteurismo por André Pichot,[2] seus preceitos biologizaram a política quando passaram a ditar as normas para solucionar doenças como a tuberculose, a sífilis e a raiva. A vacinação obrigatória, os sanatórios de confinamento para quarentena e as regras higiênicas individuais e públicas eram algumas das normas que adquiriram mais e mais prestígio, na medida em que, durante sua implantação, apresentavam resultados positivos. Dessa forma, esses higienistas contribuíram também para reforçar a dimensão biológica da sociedade principalmente porque seus princípios científicos estavam integralmente a serviço do social. Mais do que ser um instrumento técnico para a cura de enfermidades, o higienismo fortalecerá a ordem social e política. Somente num segundo momento, o componente ideológico do higienismo adquirirá repercussão, uma vez que suas técnicas de cura questionarão o papel dos governos no que diz respeito ao saneamento dos espaços públicos e na implantação de políticas de saúde eficazes, como, por exemplo, a vacinação.

As descobertas do naturalista Charles Darwin relatadas no livro *A origem das espécies* (1859) inspiraram os trabalhos de biólogos e antropólogos que tentavam explicar a natureza humana e a sociedade.

Finalmente, o evolucionismo de Charles Darwin é a última das três grandes descobertas da biologia do século XIX, e esse conceito será um dos principais alicerces teóricos da eugenia. Em 1859, Darwin publicou seu mais famoso livro, *A origem das espécies por meio da seleção natural ou a preservação das raças favorecidas na luta pela vida*, com os resultados de sua pesquisa sobre a seleção natural, a sobrevivência e a luta pela vida entre os animais. O trabalho de Darwin era tão popular na sua época que a primeira edição da obra foi inteiramente vendida no dia do lançamento. Desse livro nasceu o darwinismo, teoria que rompeu em definitivo com o criacionismo, crença na origem mítico-religiosa do homem, e gerou polêmica entre a comunidade de biólogos. Isso porque as formulações de Darwin proporcionaram duas perguntas fundamentais: quais suas aplicações técnicas e suas comprovações empíricas? Tais questionamentos justificam-se pela fragilidade do conhecimento científico em biologia da época. O evolucionismo não possuía aplicação técnica nem base empírica, além da observação de curto espaço de tempo. Pouco se conhecia sobre a hereditariedade, e as leis da genética de Mendel só viriam a público décadas mais tarde. No entanto, o darwinismo desafiou a ordem política quando afirmou que a ordem biológica e natural regia a vida e o desenvolvimento da humanidade.

Nesse sentido, a luta pela vida, na qual só os mais bem adaptados sobrevivem, a permanente competição e a conclusão de que os mais bem "equipados" biologicamente têm maiores chances de se perpetuar na natureza serão as premissas do darwinismo. Tais ideias encontrarão eco nas teorias econômicas e sociais que justificarão o comportamento humano em sociedade. Dessas aplicações essencialmente políticas surgirá o darwinismo social, que, dando voz aos argumentos de racistas e eugenistas, era consoante também com os princípios da burguesia industrial e deu a base científica, do ponto de vista econômico, para os objetivos de controle e permanência no poder.

Assim, higienistas e evolucionistas contribuíram para a biologização da sociedade, de maneiras diferentes. O primeiro grupo, com fins técnicos e menos político, adquiriu repercussão internacional e prestígio imediato. Os higienistas eram, essencialmente, adeptos do lamarckismo – Jean-Baptiste Lamarck desenvolveu, no século XVIII, a lei dos caracteres adquiridos, hoje ultrapassada. Em síntese, essa teoria prega que o meio ambiente e o comportamento têm a capacidade de influenciar os caracteres hereditários. Higienistas irão abraçar essa ideia na defesa de políticas sanitárias. Ao contrário, o grupo dos evolucionistas-darwinistas era mais científico e mais enfático quanto à interferência no plano social, sendo, portanto, mais polêmico. Em suas bases de apoio estavam as teorias mendeliana e weismaniana, ambas de suma importância para se entender a hereditariedade. O monge Gregor Johan Mendel é hoje conhecido como o "pai da genética" por ter sido o primeiro a demonstrar as leis da hereditariedade. Através da observação dos cruzamentos de ervilhas, ele concluiu que as combinações dos caracteres das partes cruzadas eram imutáveis, podendo ser dominantes ou recessivas, dependendo da combinação dos pares. O mendelismo só foi conhecido em 1900 com a popularização das pesquisas efetuadas por Mendel, que influenciarão decisivamente os darwinistas sociais. As ideias de August Weismann complementam aquelas de Mendel, além de reforçarem as ideias de Darwin. De acordo a teoria de Weismann, o plasma germinativo, hoje conhecido como gametas, é responsável pela transmissão dos caracteres ancestral e imutável pelo meio ambiente. Dessa forma, a seleção natural estaria assegurada por eliminar naturalmente os caracteres defeituosos, inferiores e mais fracos através das gerações.

O darwinismo social vai se apropriar dessas ideias para legitimar seus desejos de controle ideológico. Baseados na luta pela vida, na concorrência e na seleção, os caminhos para solucionar os problemas sociais deveriam visar, acima de tudo, ao triunfo do indivíduo superior para, depois, aperfeiçoá-lo em busca do super-homem. De acordo com o trabalho de André Béjin,[3] o evolucionismo passou por três fases distintas ao longo de sua história. A primeira delas, entre 1853 e 1883, foi caracterizada por um evolucionismo liberal e depois socialista de fundo teórico. A segunda fase compreende o período entre 1884 e 1904 e se destaca por um diferente tipo de darwinismo social por meio do qual florescerão o racismo e a eugenia, oportunidade em que o colonialismo europeu se assentará. Finalmente, na sua última fase, entre 1905 e 1935, o evolucionismo irá aplicar as teorias desenvolvidas na fase anterior, ou seja, instituições e governos vão "colher os frutos" do aperfeiçoamento humano em métodos compulsórios e totalitários.

Todo esse processo pelo qual passou o evolucionismo significou também a validação de seus objetivos ao longo do tempo. Do darwinismo ao sociodarwinismo, a biologia e a sociologia se associaram com o objetivo de se sustentar mutuamente. De um lado, a biologia, com suas fragilidades teóricas em relação à genética e à hereditariedade, buscou explicação no organismo social. Do outro, a sociologia tornou-se uma disciplina "cientificizada", criada para avaliar e quantificar o homem a partir de seus ramos de estudo, como a estatística, a psicologia, a antropometria, os testes de QI. Todos esses conhecimentos foram originados do darwinismo e, posteriormente, se reagruparam no que hoje se conhece por ciências sociais. No século XIX, seus resultados matemáticos desarticulados, sem objetividade e tampouco neutralidade tentaram explicar a vida em sociedade.

Entre os anos de 1859 e 1915, esse "imbróglio" de teorias vacilantes colocou em cena Francis Galton em um debate com Charles Darwin e sua seleção natural. A luta pela vida, a concorrência e a seleção estarão onipresentes na biologia do século XIX e tentarão explicar todas as coisas, em todas as dimensões da vida. A sociologia se tornará a imagem das ciências naturais e todos os sociodarwinistas estarão voltados para um objetivo comum: a "naturalização" da sociedade e a "cientificização" da sociologia, com a extensão desses princípios à vida política. Para esses teóricos, a "luta de raças" originaria todo o processo social. Jacques Novicow, antidarwinista de esquerda e autor de *A crítica ao darwinismo social* (1910), escreveu que a teoria evolucionista, assim como as concepções de luta pela vida e seleção, foram o "motor" da luta de classes e declararam uma guerra contínua de todos contra todos. Além da disputa entre classes, esse "motor" acionou também as disputas entre grupos em defesa de seus territórios, o que justificará, sob os termos darwinianos, a importância das guerras e das conquistas imperialistas.

Do ponto de vista social, a burguesia se inspirará na biologia e nas teorias incertas sobre a hereditariedade para consolidar o poder econômico recém-conquistado, reabilitando o direito de sangue, não mais em seu aspecto religioso como a nobreza pregava até então, mas do ponto de vista biológico e científico. Os burgueses tornaram-se os mais capazes, os mais fortes, os mais inteligentes e os mais ricos. Será pela meritocracia que o mérito natural substituirá o sangue azul. A superioridade hereditária burguesa fará contraponto também com a inferioridade operária e formará uma hierarquia social em que a aristocracia perderá sua primazia. O triunfo burguês afasta a nobreza e os pobres com o respaldo da ciência. A partir de então, além da raça, etnia e cultura se tornarão sinais da natureza que indicarão superioridade ou não, e tais sinais justificarão a dominação de um grupo sobre o outro.

A Inglaterra do século XIX, berço do darwinismo social e da eugenia, criou as condições objetivas para a proliferação de tais teorias. A ameaça popular advinda com a Comuna de Paris, em 1848, assim como a emergência das teorias de esquerda, espalharam-se pela Europa e transformaram a pobreza, sinônimo de perigo e inferioridade. Essa situação política e ideológica, somada ao problema sanitário gerado pelo vertiginoso crescimento das cidades, tornou a Inglaterra um lugar degenerado, na visão dos biólogos da época. Sem infraestrutura, a insalubridade e as doenças epidêmicas (varíola, tuberculose, tifo, escarlatina etc.) despertaram o interesse dos higienistas inspirados pelas descobertas de Pasteur. Era preciso curar muitos doentes. Era preciso evitar a degeneração e controlar a multidão. A Inglaterra e o mundo nunca mais seriam os mesmos.

A Inglaterra degenerada

A Inglaterra burguesa do século XIX e sua capital, Londres, testemunharam o surgimento da multidão. A multidão se caracteriza pela ideia de massa, de coletivo disforme e compacto, no interior da qual o individual não existe. Fenômeno próprio da modernidade, que absorve as singularidades e estratifica o social. Pensar nesse movimento homogeneizante do início do século XIX é pensar em uma nova maneira de olhar. A multidão é vista e sentida como um todo homogêneo. E por não ser possível identificar exatamente sua composição, o medo da multidão cresce e cria estratégias de combate para sanar esse mesmo medo. A biologia foi fundamental na criação dessas estratégias de evitar a organização das multidões.

A insalubridade dos espaços na cidade de Londres no século XIX despertou Francis Galton para o desenvolvimento da eugenia, teoria de melhoramento e aperfeiçoamento racial que seria sucesso entre os biólogos no início do século XX. Na imagem, a remoção de moradores de um dos cortiços de Bermondsey, em Londres, ca. 1896.

Pensar a multidão na cidade de Londres no século XIX é pensar no fluxo de tempos que se sobrepõem no espaço urbano. Tempos marcados durante o dia pelas jornadas de trabalho exaustivas na indústria têxtil, nas siderúrgicas e na construção naval. É pensar no vaivém nas ruas da cidade que produz e cresce economicamente, no automatismo das fábricas que suga todo o vigor dos trabalhadores. E durante a noite a multidão ganha outra forma. Nos bares, nos bordéis e nas ruas, toda a sobriedade ditada pelo relógio e pelo tempo do trabalho diurno é substituída pela sedução, pela música e pela embriaguez. Teatros, ladrões e sombras. Nesse ambiente sombrio, o *serial killer*, Jack, o Estripador, agiu em 1888. Nessa mesma Londres, Charles Dickens e Edgar Allan Poe produziram *Oliver Twist* e *O homem na multidão*, e, através dessa literatura fantástica, viveram, sentiram e registraram em suas obras a vibração da multidão.

A Inglaterra vitoriana criou um novo modo de produção ditado pelas máquinas e um novo modo de vida que fragmentou os espaços urbanos ao submeter operários à vida nos cortiços em péssimas condições de higiene. O resultado do vertiginoso crescimento urbano: Londres contava com mais de quatro milhões de habitantes em 1890. Darwinistas sociais acreditavam que a multidão que vivia nos bairros operários de Londres estava degenerando, ou seja, pobreza associada à degeneração física. Reurbanização, disciplina e políticas de higiene pública deveriam ser aplicadas com a finalidade de prevenir a degradação física dos trabalhadores para evitar prejuízos na economia que reverteriam em menos dividendos para a burguesia. Essa situação desdobrou-se ao longo do século XIX e causou tanto impacto na Inglaterra que gerou um preconceito contra o trabalhador londrino, por ele ser mais fraco e apático do que o trabalhador vindo e criado no campo.

No século XIX, o império inglês era a grande potência mundial. A sociedade vitoriana cresceu após a Segunda Revolução Industrial, carregando consigo as consequências do capitalismo: acumulação de capital, mais-valia, péssimas condições de trabalho e salários e a insatisfação dos operários. Em oposição a esse estado, a burguesia criava maneiras de se alienar da vida da multidão e diferenciar-se dela. O entretenimento burguês surgia com os dândis e o absinto, nos salões de chá, nos teatros e nas salas de cinema. Nesse período de efervescência, todas as estruturas sociais estavam se transformando do ponto de vista da cultura. O darwinismo social e as teorias degeneracionistas foram temas de conversas e reflexões entre intelectuais. A ciência, de modo geral, nunca esteve tão em moda.

Foi o desenvolvimento industrial da Grã-Bretanha a partir do início do século XIX que fez essa ilha europeia se industrializar. Com a ascensão da rainha Victória em 1837, a economia floresceu, criando as condições para as reformas políticas e sociais. Do ponto de vista político, a Inglaterra sofria diversas pressões populares, como a luta pelo direito ao sufrágio masculino e a liberdade de religião. Do ponto de vista social, o capitalismo proporcionou a criação de diversas leis e inovações que mudariam as condições de vida da classe pobre britânica: a restrição do trabalho infantil em minas de carvão, a criação de creches e escolas públicas e a liberdade de imprensa. As contradições se exacerbaram, grupos sociais foram postos em lados opostos e as diferenças entre ricos e pobres, contrastantes até mesmo do ponto de vista urbano, tornam-se motivo de preocupação. A maior potência mundial vê-se obrigada a refletir a respeito da situação da raça inglesa. Conclusão: decadência. Muitas doenças, loucura, epidemias e péssimas condições de vida entre operários. Sociodarwinistas acreditam que o aperfeiçoamento da raça só fará sentido se for possível entender e esquadrinhar a situação de classe, e a segunda metade do século XIX torna-se um período de decadência em toda a Europa, justificado pela crise sanitária e pela emigração, principalmente em direção aos Estados Unidos. Além disso, o final do século XIX foi caracterizado por uma das mais importantes crises trabalhistas da história inglesa. Com o auge da Segunda Revolução Industrial, os trabalhadores tomaram consciência de sua condição. Greves e manifestações, além de uma crise agrícola, na década de 1870, agitaram esse final de século. A fundação do *Independent Labour Party*, em 1893, foi impulsionada pela greve dos estivadores em 1889, que deixou mais de um milhão de trabalhadores parados.

Diante desse quadro social e político de crise, higienistas e eugenistas entram em ação para pensar o social e "testar" suas teorias. Higienistas pregam a higiene moral da sociedade. Não somente a saúde, mas também a conduta passa a ser objeto de estudo da higiene. Nessa perspectiva, a doença torna-se um problema econômico e requererá o isolamento e a exclusão dos menos adaptados. De acordo com Maria Lúcia Boarini,[4] a "redenção" desses doentes pobres virá através da educação. Dessa forma, paradoxalmente, na visão dos eugenistas, a proposta dos higienistas era insatisfatória por contribuir para a manutenção dos indigentes, dos doentes e dos delinquentes. As políticas de reformas urbanas e de educação moral higiênica não agradavam de modo algum a Francis Galton, o pai da eugenia, pois iam contra a lei da seleção natural. Melhorar as condições de vida dos grupos de degenerados era o mesmo que incentivar a degeneração da "raça inglesa". Londres tornou-se um mau exemplo de vida social e disciplina. Ali morava todo o resíduo social, a escória, a multidão fora da norma. Uma ameaça ao desenvolvimento econômico e humano.

Mesmo com o surgimento das *workhouses* [casas de trabalho], instituição estatal que empregava "desocupados" provisoriamente até a reintrodução ao mundo do trabalho, o assistencialismo ainda era muito mal visto. Até mesmo casas de caridade eram desqualificadas e consideradas uma muleta para aqueles "vagabundos" vistos como um "fardo social". A partir desse ponto de vista sobre a multidão que estava fora da vida regulada pelo trabalho foram elaboradas soluções mais radicais para o problema inglês: eliminar todos aqueles que contribuíam para a degeneração física e moral, impedindo-os de procriar ou de se perpetuar na sociedade. O medo crescente da multidão amotinada reclamando direitos e melhores condições de vida era uma ameaça à burguesia. Muitas das conquistas trabalhistas vieram dessas reivindicações. Nesse contexto surgiu o *welfare state*, [estado de bem-estar social], a partir de pressões resultantes do crescimento capitalista que forçaram o Estado a se transformar estruturalmente para apoiar de maneira socioeconômica as demandas da população. Visava essencialmente criar organismos e serviços estatais de amparo aos indivíduos do *corpus* social.

Para os eugenistas, o *welfare state* era antinatural, e permitir que o menos apto viva, através do assistencialismo, era considerado parasitismo. Nesse sentido, combater esse tipo de *parasitismo* era contribuir para o progresso da sociedade, já que, com a eliminação do *fardo social* que sobrecarrega o Estado, o progresso da civilização estaria garantido. Isso quer dizer que o grande impedimento para o sucesso da eugenia dependia de poupar os nascimentos daqueles que invariavelmente viveriam sob a tutela do Estado, além de estimular os casamentos e a procriação daqueles que elevariam o conjunto da raça inglesa.

FRANCIS GALTON: O PAI DA EUGENIA

A origem do pensamento eugênico moderno data da segunda metade do século XIX, mais exatamente após o lançamento do livro *Origem das espécies,* de Charles Darwin. As formulações de seu primo, Francis Galton, inaugurarão a busca pela melhoria da raça humana sob o ponto de vista biológico. Nascido em uma família aristocrata da cidade de Birmingham (Inglaterra), Galton foi um homem *vitoriano.* Sua postura tinha muito do espírito de seu tempo, tanto no que diz respeito à sua vida privada quanto à sua dedicação científica. Empenhado em seu "dever" científico, boa parte de sua biografia esteve voltada para o desenvolvimento de técnicas biométricas capazes de melhorar o gênero humano. Para entender a conjuntura da criação de sua "nova religião", a eugenia, é importante conhecer sua trajetória de vida.

No final da vida (na foto, com 87 anos), Francis Galton afastou-se das disputas teóricas entre os eugenistas, mas, com a sensação de dever cumprido, deixou seu companheiro de pesquisas Karl Pearson (à esquerda) encarregado de continuar a missão pela eugenização da Inglaterra.

Membro de uma família burguesa bastante próspera, Francis Galton cresceu num ambiente ligado aos estudos científicos. Era neto de Erasmus Darwin e Samuel Galton, ambos membros da Sociedade Lunar, sociedade cultural e científica que reunia integrantes da classe média vitoriana, formada por médicos, advogados, grandes comerciantes e industriais, e era influente e economicamente forte. Talvez por influência familiar, Francis Galton aprendeu muito cedo a ler e a desenvolver seu interesse pelas ciências. Forçado pelo pai, desde os 14 anos, acompanha o médico da família em visitas domiciliares. Iniciou contra a vontade os estudos na faculdade de Medicina, mas após convencer seu pai, estuda matemática em Cambridge. Como não obtém sucesso acadêmico, frustrado, retorna aos estudos de medicina. Em 1844, com a morte paterna, Francis Galton herda uma significativa fortuna, o que lhe permite viver sua longa vida dedicando-se aos projetos que lhe agradassem, abandonando a medicina definitivamente. Foi explorador nomeado pela Sociedade Real de Geografia em expedições pelo Egito e pela África inglesa. Recolheu dados cartográficos entre Angola e a África do Sul. Trabalhou também no Observatório de Kew, na Inglaterra, e reuniu uma enormidade de dados sobre a movimentação dos ciclones, sendo o descobridor dos anticiclones.

Explorador, geógrafo, matemático, médico, meteorologista. Tantas qualificações não foram suficientes para lograr sua satisfação pessoal. Após uma crise nervosa resultante de divergências com os críticos a seus trabalhos de meteorologia, Francis Galton só se recupera após o lançamento do livro *A origem das espécies*. É importante frisar a importância Darwin na vida de Galton. Treze anos mais velho, Charles Darwin, sempre deu apoio aos empreendimentos do primo. A teoria evolutiva, a seleção natural, a grande polêmica com os criacionistas cristãos despertaram Galton para o que se tornaria seu principal objeto de estudo: o aperfeiçoamento da raça humana. Sem dúvida nenhuma o parentesco com Darwin contribuiu para isso. A teoria evolucionista foi o pontapé que inspirou Galton a dedicar-se ao desenvolvimento de uma teoria social que tivesse como objetivo principal a evolução da raça. Para Galton, tal teoria poderia se converter numa nova religião. Em suas memórias escritas em 1908, declara a importância da obra de Darwin:

> A publicação em 1859 de *A origem das espécies* de Charles Darwin marcou um período de meu próprio desenvolvimento mental, tal como foi feito com o pensamento humano em geral. Seu efeito foi demolir uma enormidade de dogmáticas barreiras de uma só vez, e despertar um espírito de rebelião contra as antigas autoridades.

Charles Darwin ajudou a embasar as teorias de Francis Galton a partir de diversas publicações. Como já foi dito, *A origem das espécies* deu o impulso inicial no desenvolvimento da teoria de evolução social de Galton. Sem dúvida nenhuma, podemos dizer que Darwin foi um dos primeiros seguidores de Galton. Ainda que não tivesse o nome de eugenia, trazer para o mundo social as características da natureza e da vida animal a fim de aperfeiçoar a humanidade como se fôssemos "cavalos" era teoria bem aceita na época. Mas a aproximação teórica entre Galton e Darwin não durou muito. Darwin esboçou cuidadosamente uma teoria de transmissão de caracteres conhecida como teoria da "pangênese", que descrevia um possível mecanismo de transmissão hereditária por meio das "gêmulas" presentes em todo o organismo, transferidas de pais para filhos e alteradas pelo meio ambiente. Diante das imprecisões de Darwin, Francis Galton tentou aperfeiçoar a teoria e esse foi o ponto que separou os dois cientistas. Para a teoria de melhoria da raça ser validada por intermédio da seleção dos caracteres mais importantes – atributos físicos e mentais, de raça e de classe –, o meio ambiente não pode ter influência na carga hereditária. Em 1865, Darwin e Galton se separam definitivamente após um trabalho conjunto sobre a transmissão e a hereditariedade de caracteres em coelhos, utilizando a teoria da "pangênese". Galton e seu assistente fizeram transfusões sanguíneas para provar a veracidade da teoria. A hipótese fracassou, e Galton teve um embate com Darwin registrado numa troca de artigos na revista científica *Nature*.

O primeiro trabalho escrito e publicado por Francis Galton que esboça os princípios da teoria eugênica é *Hereditary Talent and Character* (1865), considerado por Karl Pearson, companheiro de pesquisas e talvez o mais importante interlocutor de Galton, um trabalho conclusivo. Tal trabalho é uma hipótese cuja comprovação se tornará o objetivo de vida de Galton. Trata do estudo estatístico do parentesco, que será reforçado com a publicação de *Hereditary Genius* (1869). Neste livro, desenvolverá a teoria eugênica e o estudo da distribuição do talento nas populações. *Hereditary Genius* se tornará a obra mais conhecida e difundida entre as obras de Galton. A ideia fundamental é que o talento é hereditário e não o resultado do meio ambiente. Anos após a publicação de *Hereditary Genius*, o botânico suíço Alphonse de Candolle publicará uma resposta, *Histoire des sciences et des savants depuis deux siècles* (1873), contestando as formulações de Galton e tornando pública a polêmica "*nature* versus *nurture*" ao colocar em xeque as concepções sobre o herdado e o adquirido. Para Candolle, a educação e o ambiente social eram fatores fundamentais para o desenvolvimento de qualquer pessoa. Galton, no ano seguinte, responde a Candolle com *English Men of Science: their*

Nature and Nurture (1874), um livro feito a partir de uma enquete realizada entre cientistas ingleses. Questionava se tais cientistas consideravam seu talento inato ou adquirido. Galton concluiu, após a análise dos dados, que o talento é hereditário, rejeitando as ideias de Lamarck, uma vez que há influência do meio ambiente na transmissão de caracteres somente quando existe predisposição hereditária. No ano seguinte, Galton publica sua própria teoria sobre a hereditariedade no livro *A Theory of Hereditary* (1875). Um tanto especulativo, baseava-se nas formulações sobre o plasma germinal de Weismann. Nesses anos, Galton dedica-se intensamente a estudar o cruzamento das ervilhas, recolhendo medidas antropológicas. Essas medições tinham por objetivo resolver um dos problemas mais importantes da doutrina eugênica: selecionar os mais aptos e eliminar ou controlar os inaptos dentro de cada classe social. Para tanto, seria necessário criar históricos familiares, genealógicos e buscar características físicas que representassem grupos sociais indesejáveis. Através da estatística, da matemática e da teoria da probabilidade, já familiares a Galton, foi possível reunir um grande número de dados capazes de ir além da comparação de médias. Usando também a curva de Gauss, Galton conseguiu medir tanto tamanhos de ervilhas quanto estaturas humanas. Foram quase duas décadas – 1870 e 1880 – de coletas de dados com médicos e voluntários.

Após se ocupar por quase duas décadas em provar que o talento é herdado, através da análise dos dados da elite inglesa, a preocupação de Galton estava voltada em mostrar que a doença mental, o crime e a marginalidade eram também resultados da herança genética. *Inquires into Human Faculty and its Development* (1883) reúne uma série de análises sociológicas e material antropológico recolhido pelo autor e expõe claramente a eugenia, termo usado por ele pela primeira vez. Seu novo objetivo de vida, a eugenia, agora era mais claro e recebeu a seguinte descrição:

> Mencionar vários tópicos mais ou menos conectados com aquele do cultivo da raça, ou, como podemos chamá-los, com as questões "eugênicas". Isto é, com problemas relacionados com o que se chama em grego *"eugenes"*, quer dizer, de boa linhagem, dotado hereditariamente com nobres qualidades. Esta e as palavras relacionadas, *"eugeneia"* etc. são igualmente aplicáveis aos homens, aos brutos e às plantas. Desejamos ardentemente

uma palavra breve que expresse a ciência do melhoramento da linhagem, que não está de nenhuma maneira restrita a união procriativa, senão, especialmente no caso dos homens, a tomar conhecimento de todas as influências que tendem, em qualquer grau, por mais remoto que seja, dar às raças ou linhagens sanguíneas mais convenientes uma melhor possibilidade de prevalecer rapidamente sobre os menos convenientes, que de outra forma não haja acontecido.[5]

No *Inquires*, Galton funda também a pesquisa antropométrica e cria diversos instrumentos de medição do físico humano, tais como o método de análise de digitais, e inicia os estudos para os testes de inteligência, conhecidos atualmente como testes de QI.

Inspirado pelos resultados adquiridos com a publicação do livro, Galton montou o Laboratório de Antropometria na International Health Exibition, realizada em Londres, em 1884. Um estande integralmente financiado por ele foi montado com a finalidade de coletar e medir de diversas maneiras as faculdades e a forma física dos visitantes do evento. A proposta principal do "laboratório" era recolher dados para compor uma tabela nacional com o intuito de conhecer o desenvolvimento e as características de homens e mulheres na Inglaterra. Todos os dados eram recolhidos com o conhecimento dos participantes da pesquisa. Mais de nove mil registros foram feitos e a análise desses dados levou quase dez anos para ser concluída. Mas Galton queria ir além. Não satisfeito com a coleta desses dados, era preciso cruzar as informações sobre o caráter com os respectivos traços físicos. Galton, então, aperfeiçoa uma técnica criada pelo positivista Herbert Spencer, a técnica dos retratos compostos. Esse método consistia na superposição de fotografias de rostos de modo a evidenciar características comuns. Dessa maneira, para Galton, seria possível obter os retratos típicos de saúde, doença e criminalidade. O desejo dele era aplicar o método de retratos compostos a toda a sociedade inglesa. Com tipos predeterminados seria possível controlar casamentos, impedir a reprodução e, se não melhorar a raça, ao menos evitar piorá-la. De acordo com os estudos de Galton, o fato de a elite, depositária dos melhores caracteres, procriar menos que a classe pobre, portadora de caracteres degenerados, foi uma constatação que gerou indignação por vários anos em sua vida.

Francis Galton criou uma técnica de análise chamada retratos compostos, que tinha por finalidade definir padrões da personalidade através de características fisionômicas para entender a população.

Além de toda a investida de Galton para desenvolver métodos de análise antropométrica, boa parte de sua empreitada em favor da eugenia esteve relacionada à divulgação de suas ideias, que atraíam mais e mais adeptos e seguidores. Os dez últimos anos de sua vida foram dedicados integralmente à tarefa de divulgação. Para mostrar a viabilidade da eugenia, Francis Galton publicou *Hereditary Improvement* (1873), um manifesto para o aperfeiçoamento hereditário. Declaradamente contra os casamentos movidos por "gostos pessoais", Galton propõe que o valor da raça é superior e mais importante do que a educação e o meio ambiente. *Hereditary Improvement* prega a necessidade de que os "débeis" poupem a sociedade de seus descendentes adotando o celibato. Assim, o processo da seleção natural seria cumprido e respeitado, permanecendo os mais aptos cada vez mais fortes e os menos aptos com a tendência a desaparecer gradativamente.

No Congresso de Demografia, realizado em Londres em 1891, Galton reiterou a necessidade de melhorar a raça, principalmente nas colônias africanas e nos países tropicais, tendo em vista a observação e a fertilidade das classes e raças mais bem dotadas. Apesar de seus esforços, será somente a partir do início do século xx que a doutrina eugênica ganhará espaço nos meios intelectuais e acadêmicos da Europa, principalmente Alemanha, e dos Estados Unidos. Para reforçar sua empreitada pela eugenia, Galton contou com a colaboração do físico e estatístico Karl Pearson, seu fiel companheiro de pesquisas, e do zoólogo Walter Frank Weldon. Juntos fundaram os estudos de biometria com a publicação do livro, de autoria de Galton, *Natural Inheritance* (1889). Essa reunião gerou frutos, a partir de 1901, com a publicação da revista *Biometrika*, que tinha o intuito de publicar os artigos sobre eugenia rejeitados por outras revistas. Nesse mesmo ano, com a finalidade de divulgar as ideias eugenistas, no Instituto Antropológico de Londres, Galton pronuncia a *"Huxley Lecture"*, conferência anual em homenagem ao biólogo inglês Julian Huxley. Nela, Galton insiste na necessidade de aperfeiçoar a humanidade e, principalmente, a raça inglesa, na sua opinião, em estado de decadência. Apesar da pouca repercussão de suas ideias na Inglaterra, a revista *Nature* publica um resumo da conferência, que chega aos Estados Unidos, causando muito interesse entre os cientistas de lá, principalmente do biólogo Charles B. Davenport, um dos maiores adeptos e defensores da eugenia mundial.

O sucesso da conferência proferida por Galton foi tão grande nos Estados Unidos que, em 1903, foi criada a primeira sociedade eugênica norte-americana: a Associação Americana de Reprodução ligada à Associação Americana Acadêmica de Agricultura, sediada em Saint Louis. Galton foi nomeado membro honorário da instituição por ter "proporcionado um caminho científico e prático ao pensamento moderno relacionado com a herança das plantas, dos animais e do homem; ganhou fama mundial", disse Davenport numa carta da Associação Americana de Reprodução.

Nesse mesmo ano, é fundada na Inglaterra uma comissão para estudar o estado de degeneração da "raça inglesa" produzida pelas condições ambientais. Galton se opõe à iniciativa e declara sua insatisfação numa comunicação feita na recém-formada Sociedade de Sociologia: "Devemos ser mais aptos para cumprir com nossas vastas oportunidades imperiais", considerando primordial a aliança da sociologia nessa empreitada para difundir as leis da herança e promover seu estudo; fazer uma investigação histórica sobre as taras da sociedade classificadas segundo sua utilidade social; coletar sistematicamente fatos que demonstrem as circunstâncias pelas quais famílias grandes obtêm sucesso e estudar as influências sociais sobre os matrimônios e a persistência em afirmar a importância nacional da eugenia. Mas a Sociedade de Sociologia não foi tão receptiva com as ideias de Galton, e muitos dos seus membros se opuseram a essa "nova religião". Mais uma vez, os Estados Unidos recebem positivamente as palavras de Galton e o jornal *The Nation* enfatiza a importância de suas teorias e o alinhamento delas com a ideia de "suicídio da raça" desenvolvida por Theodore Roosevelt na mesma época.

Após convencer Arthur Rücker, reitor da Universidade de Londres, Francis Galton fundará em 1904 o Escritório de Registros Eugênicos (ERO). Com todas as despesas custeadas por Galton, a Universidade cedeu o espaço para que o escritório pudesse funcionar e realizar registros eugênicos e análises dos dados a fim de estudar a eugenia das famílias mais ricas da Inglaterra. Após dois anos de muitos trabalhos e poucos resultados, Galton pediu a Karl Pearson que fundisse o laboratório de Biometria com o Escritório de Registros Eugênicos. O resultado foi o surgimento, em 1907, do Laboratório Galton para Eugenia Nacional. Nesse momento, foi criada a definição *eugenia nacional*, que dizia mais ou menos o seguinte: "Estudo dos meios que estão sob o controle social, que possam beneficiar ou prejudicar as qualidades raciais das gerações futuras, tanto física como moralmente."[6]

No mesmo ano, Galton criou outro escritório de investigação eugênica, a Sociedade de Educação Eugenista, tendo como primeiro presidente Montagu Crackanthorpe, seu amigo pessoal, com perfil de propagandista. A primeira reunião aconteceu em 1908, reunindo intelectuais e cientistas. Dentre eles, Leonard Darwin, filho do naturalista Charles, que futuramente seria o presidente da instituição até a década de 1930. A Sociedade de Educação Eugenista terá uma atuação bastante distinta daquela adotada por Karl Pearson à frente do Escritório de Registros Eugênicos. Durante muito tempo, Pearson e Crackanthorpe combateram para definir qual das duas instituições representaria melhor o ideal eugênico proposto por Galton. O pai da eugenia, idoso e cansado, já não se posicionaria diante da polêmica entre ambos. Em 1912, um ano após a morte de Francis Galton, a Sociedade de Educação Eugenista promove o Primeiro Congresso Internacional de Eugenia, em Londres. A eugenia já tinha *status* de ciência. Talvez de religião. Institucionalizada e "científica", adquiriu adeptos em todo o mundo. Agora, resta saber o que foi feito de sua teoria. A eugenia chegou ao poder e foi usada como arma política de discriminação social e limpeza étnica. Alemanha, Estados Unidos e Escandinávia, seus maiores executores. Mas os cinco continentes se renderiam à ciência da boa linhagem.

Notas

[1] Michel Foucault, Microfísica do poder, Rio de Janeiro, Graal, 2003.

[2] André Pichot, La Société pure: de Darwin à Hitler, Paris, Flammarion, 2000, pp. 31-156.

[3] André Béjin, apud André Pichot, op. cit., p. 40.

[4] M. L. Boarini, Higiene e raça como projetos: higienismo e eugenismo no Brasil, Maringá, UEM, 2003, p. 36.

[5] Francis Galton, Inquires into Human Faculty and it Development (1883), edição de 1907 e reimpressão de 1911, p. 17, apud R. A. Pelaez, Herencia y eugenesia, trad. Raquel Alvarez Peláez, Madrid, Alianza, 1988, p. 11. [Tradução da autora].

[6] Francis Galton, apud Raquel A. Pelaez, op. cit., p. 27.

"Super-homem" no poder
Governos usam a eugenia como arma ideológica

Um sucesso institucionalizado mundialmente

Quase três décadas após o inglês Francis Galton dedicar-se à divulgação da eugenia, a Inglaterra não se convenceu da necessidade de transformar em legislação suas ideias sobre a hereditariedade para o incremento do estoque de bem-nascidos. No entanto, "hereditarizar" os comportamentos negativos tornou-se uma norma entre biólogos para resolver todos os problemas sociais em diversos países. O eugenismo moderno origina-se dessa ideia primordial e, até a primeira metade do século xx, tratará de cooptar médicos e biólogos com opiniões políticas e filosóficas as mais variadas. Muito antes da ascensão do nazismo, a eugenia foi legalizada em países de tradição democrática. A primeira lei de esterilização, por exemplo, foi implantada nos Estados Unidos, em 1907. Centenas de milhares de esterilizações foram realizadas no mundo todo sob o argumento da melhoria da raça.

Atualmente, a eugenia ainda é vista como um tema tabu pelas ciências médicas e sempre é mostrada de forma edulcorada, minimizando suas consequências e responsabilizando ora nazistas, ora o degeneracionismo pessimista e romântico de Gobineau. Na verdade, houve uma multiplicidade de facetas adotadas pelo eugenismo que particulariza cada análise de acordo com a época e o país, sob o prisma ideológico de seus defensores. Uns mais radicais que outros, o certo é que não houve um uso homogêneo da teoria de Galton.

Na Alemanha, os nazistas; nos Estados Unidos, o conservador Charles Davenport e a feminista Margareth Sanger; e, finalmente, na Inglaterra, o social-democrata Julian Huxley e o simpatizante do nazismo Karl Pearson; todos estiveram ligados à eugenia de modo diferente. Mais ou menos comprometidos, mais ou menos radicais, todos tinham em vista a substituição das leis de proteção social por outras que favorecessem a reprodução de bons elementos na sociedade, fossem da elite ou da classe operária. É possível afirmar também que boa parte dos biólogos, geneticistas, evolucionistas e médicos eram partidários da eugenia, e entre os mais eminentes estavam seus mais preciosos propagandistas. O pesquisador do início do século xx S. J. Holmes reuniu mais de 7.500 títulos de livros e artigos sobre o tema da eugenia em 1924! Uma enormidade de associações e instituições foi criada nas primeiras décadas do século xx, sendo que as primeiras delas estão nos países que mais se dedicaram aos estudos e à implantação da eugenia. A fundação do Comitê de Eugenia na Associação Americana de Reprodução (1905), nos Estados Unidos, da Sociedade Alemã para Higiene Racial (1905), na Alemanha, e, finalmente da Sociedade de Educação Eugenista (1905), na Inglaterra, inaugurou o ciclo de formação de comitês, grupos e instituições na Escandinávia, na Europa e na América Latina. Muitas dessas instituições estão ativas até os dias de hoje com nomes diferentes; foram "rebatizadas", a fim de apagar sua relação histórica com a eugenia. É possível fazer um paralelismo entre a eugenia e as teorias genéticas que se desenvolveram entre os anos de 1860 e 1960. Pelo menos durante um século, a eugenia esteve presente nos debates ligados a hereditariedade e evolução. Teoricamente balbuciante, a genética, o darwinismo e o eugenismo desenvolveram-se entre os anos de 1860 e 1900. Em seguida, em seu período triunfante, o mundo reconhece Gregor Mendel e a genética. É nesse momento, entre os anos de 1900 e 1940, que a eugenia se expande mundialmente tornando-se uma das mais eficazes armas de controle social e político sob o argumento científico e médico.

Este capítulo mostrará alguns dos exemplos mais significativos da implantação da eugenia durante esse período áureo em países como Estados Unidos, Suécia, Alemanha, México, Argentina e Japão, entre outros tantos. Finalmente, no período pós-guerra, a genética molecular e as descobertas sobre o DNA reorientam o debate em torno da biologia humana. As concepções sobre a hereditariedade e a evolução mudam na década de 1950 e a eugenia torna-se sinônimo de extremismo e obscurantismo. Suas teses se dissiparão gradualmente após a década de 1960. A eugenia cairá num sono profundo do qual só acordará com os debates sobre ética reavivados pelas técnicas de reprodução assistida, fertilização *in vitro* e com as descobertas sobre o mapeamento genético, a partir do início dos anos 1980. Não é de admirar que os Estados Unidos e a Inglaterra tenham impulsionado a corrida pelo mapeamento do DNA humano no início dos anos 1990 com o Projeto Genoma Humano. Com grandes centros de pesquisa em biologia, no início do século XX, a Inglaterra criou e popularizou a eugenia, e os Estados Unidos aperfeiçoaram e implantaram diversos de seus métodos.

A eugenia positiva teve como meta principal estimular a procriação dos casais supostamente com as "melhores" características, tal como representa o desenho alemão de uma família ideal.

Se Francis Galton definiu a eugenia como a ciência da boa geração, toda a sua teoria estava voltada para um tipo de eugenia que visava, na prática, encorajar a reprodução dos elementos mais fortes e desejáveis socialmente. Nas palavras de Galton: "[...] a possibilidade de incrementar a raça da nação depende do poder de incentivar a produtividade da melhor linhagem. Isto é mais importante do que reprimir a produtividade dos piores".[1] Essa linha de pensamento é fundamental para entender os diferentes matizes do movimento ao longo do tempo nos países que aderiam a essa proposta. A eugenia elaborada por Francis Galton ficou conhecida como eugenia positiva, eugenia clássica ou mesmo eugenia galtoniana. Tinha por objetivo principal criar o "haras humano", povoando o planeta de gente sã, estimulando casamentos entre os "bem dotados biologicamente" e desenvolvendo programas educacionais para a reprodução consciente de casais saudáveis, desencorajando casais com caracteres supostamente "inferiores" de procriar. No outro extremo, a eugenia negativa representava a radicalização dos métodos de aperfeiçoamento da raça. Ambos os termos foram cunhados pelo médico inglês C. W. Saleeby, em 1909, no livro *Parenthood and Race Culture*. As medidas propostas pelos adeptos da eugenia negativa visavam prevenir os nascimentos dos "indesejáveis" biológica, psicológica e socialmente através de métodos mais ou menos compulsórios. A eugenia negativa postulou que a inferioridade é hereditária e a única maneira de "livrar" a espécie da degeneração seria através da esterilização eugênica (consentida ou não); da segregação eugênica (por exemplo, o confinamento em sanatórios); das licenças para realização de casamentos e das leis de imigração restritiva. Por definição, a eugenia negativa prevê também métodos como a eutanásia, o infanticídio e o aborto. No entanto, boa parte dos eugenistas do século xx rejeitou essas medidas. Durante os anos de 1939 e 1945, os países ocupados pela Alemanha nazista implantaram tais medidas, tirando a vida de milhões de pessoas de diferentes grupos étnicos e religiosos, adultos ou crianças, em nome da "pureza" racial ariana. Mas além da radicalização da Alemanha e dos países ocupados durante a Segunda Guerra Mundial, outros países também praticaram a eugenia negativa, sem tonalidades de genocídio, mesmo após o final da guerra.

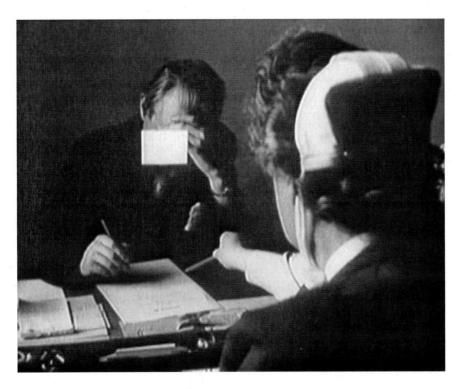

A eugenia negativa teve como base a eliminação dos indivíduos com características que desrespeitassem os desejos dos engenheiros sociais; na imagem, homem assina autorização para sua própria esterilização na Suécia.

Segregação e restrição: o medo do "diferente"

Muitas das ideias implantadas pela Alemanha nazista foram inspiradas nas leis eugênicas implantadas nos Estados Unidos. País de tradição protestante, desde o final do século XIX, os Estados Unidos praticavam políticas de exclusão que puniam comportamentos sociais com ações médicas. Existiam leis e interdições de casamentos entre doentes mentais, alcoólatras e pessoas com doenças venéreas. Em 1855, foi implantada a castração para homens no estado do Kansas. Os Estados Unidos conheceram a eugenia através do resumo da conferência de 1901 feita por Francis Galton no Instituto Antropológico de Londres – a Huxley Lecture –, publicado pelo Instituto Smithsoniano. Muito controverso na Grã-Bretanha, Francis Galton alcançou mais êxitos nos Estados Unidos, sendo nomeado membro honorário na fundação da Associação

Americana de Reprodução, em 1905. Em certa ocasião, Charles Davenport, o maior representante da eugenia nos Estados Unidos, de tendência radical, escreveu a Francis Galton que os Estados Unidos se dedicavam mais aos estudos de eugenia negativa, porém tinham planos de implantar o aconselhamento da eugenia positiva.

O diretor do Escritório de Registros Eugênicos, Charles Davenport, foi o maior representante da eugenia norte-americana. De inclinação radical, era favorável à implantação de medidas de esterilização compulsória e imigração restritiva, principalmente nos países latino-americanos.

É importante ter em vista que os Estados Unidos foram pioneiros na organização dos comitês e das sociedades eugênicas, além de eficientes em influenciar legisladores para implantar leis eugênicas. Um aparato eugênico gigantesco foi criado em todo o país. Projetos e mais projetos se multiplicaram nos quatro cantos da "América" e durante muito tempo a eugenia foi sinônimo de cuidado com a "estirpe" do país. Esse cuidado com a estirpe tem relação com o movimento da *stirpiculture*. O termo "*stirpiculture*" foi cunhado em 1896 por Humphrey Noyes, fundador da Comunidade Oneida, grupo que pretendeu realizar a eugenia positiva através do incentivo da procriação de casais considerados "superiores". O resultado desse experimento, que durou cerca de dez anos (1868-1879), gerou 58 crianças cujos pais foram escolhidos dentre 81 casais. Os casais eram aprovados por um comitê que atestava suas capacidades para procriar crianças saudáveis do ponto de vista espiritual, intelectual, mental e físico. O próprio Noyes foi genitor de nove crianças nascidas em Oneida. A comunidade desapareceu em 1881, devido ao ressentimento causado a muitos dos inscritos não eleitos. No entanto, dois dos filhos de Noyes, descendentes da comunidade, apresentaram um ensaio sobre a *stirpiculture* durante o Segundo Congresso Internacional de Eugenia, ocorrido em 1921, reclamando que o pioneiro da eugenia seria seu pai, que elaborara o primeiro trabalho sobre o tema do melhoramento da raça, datado de 1849, décadas antes de Francis Galton cunhar pela primeira vez o termo eugenia. Pelo pioneirismo de Noyes é possível perceber uma disposição norte-americana desde meados do século XIX, em aperfeiçoar sua "estirpe". Galton obteve prestígio internacional pelo cientificismo de sua teoria, mas os norte-americanos foram quem mais adaptaram e utilizaram a eugenia em seu favor, sem que Noyes tivesse o mesmo prestígio de Galton.

Nos Estados Unidos, a eugenia só pode ser entendida se pensada em fases. A primeira delas compreende o período entre 1870 e 1905. Nessa época, os debates sobre a hereditariedade envolviam figuras eminentes da ciência norte-americana como o inventor Alexander Graham Bell e o médico e higienista John Harvey Kellogg. Bell foi um dos pioneiros da eugenia por recolher os *pedigrees* de famílias em princípios da década de 1880. Influenciado por Charles Darwin, sua preocupação com a hereditariedade levou-o a associar-se à

Associação Americana de Reprodução, o que lhe conferiu o posto de um dos fundadores da eugenia norte-americana. Essa associação foi fundada em 1903, ganhou um comitê de pesquisa e defesa da eugenia em 1905 e um setor específico para o melhoramento da raça humana em 1910. Com diferentes agendas, a associação tinha por objetivo discutir o bem-estar social, os profissionais de saúde e as instituições de caridade, a fim de prevenir a doença mental, o crime, as doenças e a pobreza. Pregavam desde a primeira década do século xx a esterilização eugênica, a segregação e as leis de restrição aos casamentos. No entanto, desde 1899, o médico do estado de Indiana, Harry Sharp, praticava ilegalmente a esterilização eugênica. Nessa primeira fase do eugenismo estadunidense, o foco principal da preocupação dos eugenistas estava também relacionado aos estudos de genealogia e dos "*pedigrees*". Desde então, testes de inteligência vinculavam resultados negativos com doenças ou características físicas específicas. Assustados também com o alto índice de imigrantes católicos e judeus que ingressavam no país, os eugenistas empenharam-se em defender uma lei de restrição à imigração para prevenir o "suicídio da raça" através do crescimento do "estoque racial inferior".

Dessa forma, entende-se que a ideia de purificação social nos Estados Unidos não é de natureza étnica, nem tampouco racial. Obviamente, muitas eram as restrições à imigração asiática, além da segregação explícita aos negros. No entanto, o cerne da preocupação eugenista era eliminar os indesejáveis do ponto de vista biológico, psicológico e social. O verdadeiro cidadão americano deveria se enquadrar na descrição "anglo-saxão, branco, protestante, saudável e produtivo". De acordo com um documento oficial da cidade de Chicago, as pessoas socialmente inaptas e que concorriam para a esterilização estavam descritas da seguinte forma:

> É socialmente inapto toda pessoa que, por seu próprio esforço, é incapaz de fazer o mesmo, por comparação, que as pessoas normais, não sendo um membro útil da vida social e organizada do Estado. [...] As classes sociais de inaptos são as seguintes: 1º os débeis mentais; 2º os loucos (e os psicopatas); 3º os criminosos (e delinquentes); 4º os epiléticos; 5º os alcoólatras (e todos os tipos de viciados); 6º os doentes (tuberculosos, sifilíticos, leprosos e todos com doenças crônicas e infecciosas); 7º os cegos; 8º os surdos; 9º os disformes; 10º os indivíduos marginais (órfãos, vagabundos, moradores de rua e indigentes).[2]

"SUPER-HOMEM" NO PODER 55

Na imagem, uma família norte-americana exemplar; inscrita e considerada eugenizada pelo concurso de "Fitter Families" recebeu a "medalha da boa herança" que trazia os dizeres: "Sim, eu tenho uma boa descendência!"

A segunda fase do movimento eugenista nos Estados Unidos é a mais marcante e grandiosa. Entre 1905 e a década de 1920, instituições não pararam de se multiplicar em todo o país. A principal delas, o Escritório de Registros Eugênicos (ERO), dirigido pelo geneticista Charles Davenport e pelo superintendente Harry L. Laughlin, deu força também ao movimento internacional. O ERO foi o coração, senão o cérebro [sic] do eugenismo estadunidense durante três décadas, tendo sido fundado em 1910, com o financiamento de Marry Harriman, esposa do magnata do aço Andrew Carnegie, que anos antes contribuiu para a fundação do Instituto Carnegie de Washington. Uma estação de estudos experimentais sobre a evolução havia sido criada em Cold Spring Harbour, sob a direção de Charles Davenport. Devido a seu interesse pela eugenia, Marry doou um terreno ao lado da estação de Cold Spring Harbour para o estabelecimento exclusivo do ERO. Apesar de sua importância e autonomia, a instituição estava subordinada ao Comitê de Eugenia da Associação Americana de Reprodução, e Davenport dirigiu-a até 1934. Para divulgar suas ideias, o ERO publicou o boletim *Eugenical News*, que regularmente tornava públicas todas as suas atividades para a comunidade internacional.

O ERO tornou-se referência mundial em termos de eugenismo. Cold Spring Harbour e o Instituto Carnegie – e, por consequência, o clã Harriman – adquiriram respeito e prestígio dado a sua política científica de desenvolvimento de técnicas cujas aplicações industriais contribuiriam para o crescimento econômico dos Estados Unidos. Entre os principais objetivos do ERO estavam ações como colecionar os traços das famílias americanas; estudar a hereditariedade de tais traços; aconselhar pessoas saudáveis para escolher os "melhores" parceiros, encorajando a reprodução dos talentos individuais, e prevenir a propagação dos "defeituosos".

Essa instituição, com a Associação de Pesquisa Eugênica (ERA), os Registros Eugênicos e a Fundação de Aperfeiçoamento Racial, promoveram a causa eugenista concretizada em dois eventos importantes: a Primeira e a Segunda Conferência Nacional de Aperfeiçoamento Racial, respectivamente em 1914 e 1915. A ERA surgiu em 1913, durante uma das conferências do ERO em Cold Spring Harbour, em Nova York. Seu principal foco era promover a eugenia entre os trabalhadores e obter dados sobre a composição das famílias operárias. A ERA reuniu associados do mundo inteiro, tanto que, em 1928, contava com mais de trezentos associados. Nesse ano, a ERA passou a ser financiado pelo empresário nova-iorquino Frederick Osborn. Já os Registros Eugênicos (ER) surgiram durante a Segunda Conferência Nacional de Aperfeiçoamento Racial com a função de coletar os dados das famílias estadunidenses a fim de organizar os traços hereditários dessas famílias, compondo um grande "banco de dados" sobre a hereditariedade nacional. Seu idealizador e financiador foi John Harvey Kellogg, parceiro também na criação da Fundação de Aperfeiçoamento Racial, sediada em Battle Creek, Michigan. Os dados recolhidos pelos Registros Eugênicos, com os nomes das famílias, eram aplicados sobre uma tabela. Esse livro do "*pedigree* humano" foi distribuído entre diversas instituições públicas, empresas, organizações e clubes. Milhares de famílias foram cadastradas ao longo de mais de duas décadas de funcionamento da instituição, que encerrou suas atividades em 1939.

Durante essa segunda fase da eugenia nos Estados Unidos, dois temas estavam no centro dos debates de médicos e cientistas. A esterilização compulsória e a imigração restritiva dos indesejados, temas já debatidos anos antes, mas sem legislação específica para ambos os casos. A primeira lei de esterilização norte-americana foi aprovada em 1907 no estado de Indiana, certamente por influência dos primeiros trabalhos de Harry Sharp. Rapidamente, muitos estados aprovaram leis de esterilização compulsória (veja a Tabela 1, a seguir). Estima-se que mais de cinquenta mil pessoas tenham sido esterilizadas entre 1907 e 1949 em todo o país, considerando que a última lei de esterilização foi revogada somente na década de 1970. De acordo com a estimativa de J. Sutter,[3] foram esterilizados 20.308 homens e 29.885 mulheres. Esses números não são muito precisos, mas é possível tirar algumas conclusões, já que os Estados Unidos são um dos maiores "documentadores" do planeta. Qualquer distorção representará um pequeno desvio, não alterando significativamente nossa análise. Os dados indicam: as mulheres foram mais esterilizadas do que os homens, mesmo a cirurgia de esterilização feminina (laqueadura) sendo mais complicada e cara. A esterilização feminina, nos Estados Unidos, teve uma função contraceptiva nas mulheres que apresentavam "falhas" genéticas. No entanto, no estado da Califórnia, essa premissa não é verdadeira. Até 1949 foram computadas 19.042 esterilizações – 40% de todas as esterilizações realizadas nos Estados Unidos –, das quais 9.845 entre homens e 9.197 entre mulheres. Após 1949, os Estados Unidos seguiram esterilizando, e os documentos apontam cerca de 10 mil novos casos de esterilização até 1960. No entanto, apesar dos elevados e assustadores números, a Suécia, proporcionalmente, esterilizou mais que os Estados Unidos, como veremos adiante.

Tabela 1 – A esterilização nos Estados Unidos

ANO	ESTADOS QUE APROVARAM REVOGARAM OU DECLARARAM A LEI INCONSTITUCIONAL	ESTADOS QUE REPROVARAM, E REFERENDARAM A LEI
1907	Indiana	
1909	Connecticut, Califórnia, Washington	
1911	Nevada, Nova Jersey, Iowa	
1912	Nova York	
1913	Oregon, Dakota do Sul, Kansas, Michigan, Wisconsin	Iowa, Oregon, Nova Jersey
1915	Nebraska, Iowa	Nova York
1917	Dakota do Sul, Oregon, New Hampshire	
1918		Michigan, Nevada
1920		Indiana
1923	Alabama, Michigan, Montana, Delaware	
1924	Virginia	
1926	Idaho, Minnesota, Maine, Utah	
1928	Mississipi	
1929	Arizona, Delaware, Idaho, Nebraska, Carolina do Norte, Virginia Ocidental	
1931	Oklahoma, Vermont	

Fonte: Ruth Clifford Engs, The Eugenics Movement: an encyclopedia, London/Westport, Greenwood Press, 2005, p. 55.

Tantas medidas "reparatórias" fizeram dos anos de 1910 frutíferos para os eugenistas norte-americanos. Em 1914, a eugenia era ensinada como disciplina em mais de quarenta faculdades. Programas educacionais de eugenia positiva eram implantados, incluindo os concursos populares de Fitter Families [Famílias em Forma] e Better

Babies [Melhores Bebês]. A campanha pelo Fitter Families foi o primeiro exemplo de eugenia positiva transformada em concurso popular. Famílias eram julgadas de acordo com seu estado mental, emocional, físico e intelectual. O primeiro concurso foi realizado no estado do Kansas em 1920. As famílias eram julgadas de acordo com seus históricos, genealogia e predisposição. As categorias incluíam as análises médica, física, psiquiátrica, dental etc. As famílias eram, então, classificadas com letras, em que, por exemplo, B+ significava uma boa linhagem, premiada com uma medalha de bronze com a inscrição: "Yea, I have a goodly heritage" [Sim, eu tenho uma boa herança]. Better Babies foi outro programa de eugenia positiva implantado no período pré-Primeira Guerra Mundial, cujo objetivo era julgar crianças de 6 meses a 9 anos de idade quanto à sua educação, higiene e forma física. Esses concursos eram realizados para atestar a beleza, a saúde e a robustez dos bebês, julgados por membros da comunidade. Os "melhores bebês" eram escolhidos entre centenas de inscritos. Tais concursos tornaram-se uma mania nacional até meados da década de 1930 e obtiveram grande cobertura da mídia. Outros países – inclusive o Brasil – aderiram a concursos para escolher bebês saudáveis muitos anos depois.

Durante a década de 1920, surgiram mais duas instituições de divulgação eugênica nos Estados Unidos: a Sociedade Americana de Eugenia (AES) e a Fundação de Aperfeiçoamento Humano. A AES foi uma das mais importantes organizações eugênicas dos Estados Unidos. Fundada em 1925, após o Segundo Congresso Internacional de Eugenia (1921), a AES está ativa até os dias de hoje com o nome de Sociedade de Estudos Sociobiológicos. O objetivo dessa instituição era advogar a esterilização eugênica, a segregação e as leis de restrição ao casamento para os doentes mentais e "incapazes". A AES propôs leis de restrição à imigração e indicou o controle de natalidade para evitar o nascimento dos "*unfit*" [fora da norma]. Sua estratégia principal era usar os concursos de Fitter Families para incutir as ideias eugenistas nos agricultores das pequenas cidades do oeste americano. Sua publicação oficial chamava-se *Eugenics*, mas circulou somente durante três anos (1928-1931). A radicalidade das propostas da AES é típica da época em que surgiu, em meio aos debates sobre a lei de restrição à imigração e à emergência do nazismo na Alemanha, apoiada no programa de esterilização alemão implantado em 1933. A Fundação para Aperfeiçoamento Humano foi a instituição que conduziu o maior programa de esterilização dos Estados Unidos, implantado no estado da Califórnia, sob a direção de Paul Popenoe. Também uma organização privada, fundada pelo empresário E. S. Gosney, apoiou o regime nazista e a implantação do programa de esterilização na Alemanha, assim como a AES.

Com tantas instituições eugênicas apresentando propostas, leis e soluções para o melhoramento da raça, na década de 1920, os encontros, conferências e congressos passaram a fazer parte da agenda de médicos, geneticistas e de todos aqueles envolvidos na causa. Nessa época foram realizados três congressos internacionais de eugenia. Todas as edições do Congresso Internacional de Eugenia trataram de estabelecer uma rede internacional de eugenistas e pesquisadores respeitados no mundo da biologia e saúde. Somente a primeira edição foi realizada em Londres, no ano de 1912. Encabeçados por Inglaterra, Estados Unidos e Alemanha, diversos países reuniram-se para discutir políticas da teoria de Francis Galton, sob a presidência de Leonard Darwin, filho do naturalista Charles. O segundo e o terceiro Congresso Internacional de Eugenia foram realizados sob a direção de Charles Davenport e o patrocínio do laboratório do Instituto Carnegie de Cold Spring Harbour. As reuniões aconteceram no Museu de História Natural de Nova York, cujos temas eram: hereditariedade comparativa; eugenia e família; diferenças raciais; eugenia e Estado. Cerca de quatrocentas pessoas do mundo todo compareceram ao evento, exceto a Alemanha devido às tensões políticas após o final da Primeira Guerra Mundial. Os resultados dos trabalhos foram publicados em 1923 em dois volumes impressos pela editora Williams and Wilkins. O segundo congresso obteve grande repercussão internacional, pois a década de 1920 foi um período de enorme interesse e radicalização da eugenia. O terceiro congresso só aconteceria em 1932, após a crise econômica de 1929. Realizado no Museu de História Natural de Nova York, teve menos delegados que os dois eventos anteriores – 267 inscritos – e não contou com a presença de figuras importantes.

Com toda a rede eugenista formada nacionalmente para adquirir mais e mais produtividade e eficiência, da classe baixa à classe alta, os

Estados Unidos conseguiram implantar de modo eficiente a teoria de Francis Galton. A partir da primeira lei de esterilização compulsória aprovada, no estado de Indiana (1907), 15 outros estados aderiram à ideia uma década depois. No entanto, além da esterilização, para completar o programa de melhoramento do homem estadunidense era preciso evitar a entrada de indivíduos de "má" estirpe em território nacional, ou seja, colocar em vigor uma lei que proibisse a entrada de estrangeiros vindos de certos países ou de determinadas raças. Mas a história da restrição à imigração nos Estados Unidos não data do século xx. Em 1880, estados da Costa Oeste regulamentaram uma lei de restrição à imigração chinesa. Em 1907, o presidente Theodore Roosevelt negociou um acordo com o governo japonês de restringir a imigração japonesa aos Estados Unidos. Nas primeiras décadas do século xx, o alvo eram católicos e judeus vindos do Leste ou Sul europeu, ou seja, russos, poloneses, irlandeses, italianos e gregos. O medo de que os estrangeiros prejudicassem o estoque dos genes de origem anglo-saxã e protestante tornou todos esses imigrantes os causadores da pobreza, do crime e da doença. O conflito entre americanos e esses "estrangeiros" era cultural, pois inassimiláveis ao estilo de vida local estavam condenados a morar em guetos ou então nas periferias das cidades. A partir do início do século xx, um controle mais rígido nas fronteiras do país obrigou o registro de cada novo imigrante. O eugenista Harry Laughlin transformou esse problema em objeto de estudo e, no período pré-Primeira Guerra Mundial, submeteu os novos recrutas do exército a testes de inteligência, os conhecidos testes de qi. Na análise de tais testes, Laughlin concluiu que os baixos resultados eram dos imigrantes vindos do Leste e Sul europeu, ao contrário dos resultados dos recrutas originários do Norte da Europa. Os resultados desse estudo foram apresentados no Comitê de Imigração e contribuíram para a aprovação do Johnson-Reed Imigration Restriction Act of 1924 (Lei de 1924), que acabou definitivamente com a política imigratória *open-door* [portas abertas], nos Estados Unidos. Essa lei só foi revogada no ano de 1965; no entanto, as políticas restritivas de imigração ainda são muito comuns no país. A Lei de 1924 serviu de exemplo para muitas das políticas de restrição à imigração implantadas em diversos países do mundo, como veremos.

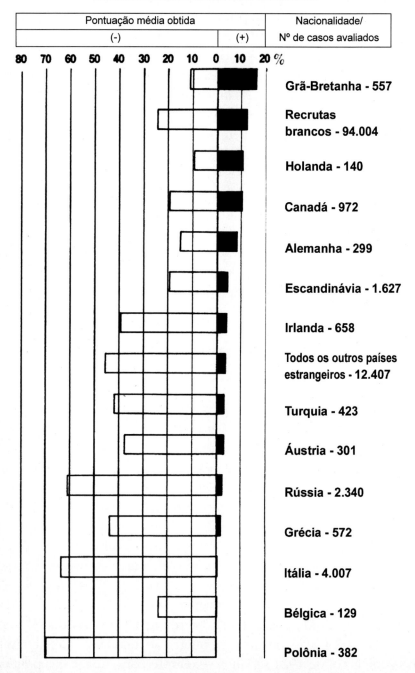

Recrutas imigrantes passaram por testes de QI durante sua admissão para o exército dos Estados Unidos durante a Primeira Guerra Mundial. O estudo mostrou que características culturais afetavam a inteligência, teoria que sustentou a lei de restrição à imigração em 1924.

Assim, a década de 1920 representa o sucesso e o triunfo do eugenismo nos Estados Unidos. Leis de esterilização foram aprovadas e defendidas pela Suprema Corte; uma lei de imigração federal e restritiva foi aprovada para impedir o "suicídio da raça"; um gigantesco aparato institucional financiado por grandes corporações industriais divulgou a eugenia aos quatro cantos do mundo. A Fundação Rockfeller, por exemplo, foi uma das entidades que mais divulgaram a eugenia fora dos Estados Unidos. Com o dinheiro do petróleo, a Fundação Rockfeller financiou e apoiou o eugenismo na França, na Suécia e na Alemanha. Aliás, a Fundação tinha especial interesse no apoio ao desenvolvimento e à pesquisa biológica na primeira metade do século xx. O que seria da eugenia sem todo o dinheiro investido pelos magnatas Harriman, Rockfeller, Kellogg, Gosney e Osborn? Nessa perspectiva, é possível afirmar, *grosso modo*, que a eugenia foi a aliança entre o poder econômico, a ciência e a legislação.

A última fase da eugenia nos Estados Unidos caracteriza-se pelo declínio do prestígio e da influência dessa teoria. Novas descobertas na área da genética fazem a eugenia perder seu suporte científico, e seu uso político causa desconforto em legisladores e governantes. As leis de esterilização, os exames pré-nupciais e a imigração restritiva tornam-se "ultrapassados". Além disso, o suporte dado à Alemanha no projeto de esterilização, aprovado em 1933, causou embaraço aos financiadores do movimento, ocasionando o fechamento de muitas dessas instituições no final da década de 1930, com a explosão da Segunda Guerra Mundial. Durante a década de 1940, poucos eram os adeptos manifestos da eugenia, princi-palmente porque o termo era associado ao nazismo. As instituições que perduraram mudaram seus nomes e muitas delas estão em funcionamento até os dias atuais. O final da década de 1980 e o princípio da década de 1990 fizeram emergir um novo tipo de eugenia, o neoeugenismo, baseado nas pesquisas em defesa da reprodução assistida e da fertilização *in vitro*.

EM DEFESA DA SUPER-RAÇA, A CIÊNCIA DA MORTE

A eugenia na Alemanha está diretamente ligada à ascensão de Hitler ao poder, em 1933. No entanto, não é verdadeiro dizer que as ideias eugênicas pertencem exclusivamente à ideologia nazista.

As raízes do pensamento eugênico na Alemanha datam do final do século XIX, especialmente após o lançamento do livro de Darwin. Foi na Alemanha que a eugenia adquiriu seu aspecto mais radical e talvez a maior atrocidade da história moderna tenha sido cometida sob o seu endosso. Durante o regime nazista implantado por Adolf Hitler, centenas de milhares de pessoas foram esterilizadas compulsoriamente e mais de seis milhões perderam suas vidas em nome da higiene da raça, não somente na Alemanha, mas em todos os territórios ocupados durante a Segunda Guerra Mundial.

A experiência nazista serviu de exemplo para a sociedade contemporânea conhecer em dimensões nunca antes vistas o que significa o crime contra a humanidade. Ainda mais triste é a nossa perplexidade diante do fato de sabermos que esses crimes foram cometidos sob o discurso científico. André Pichot acredita que mesmo que Hitler não tivesse chegado ao poder em 1933, as leis de esterilização teriam sido implantadas na Alemanha. Por isso, no que diz respeito à lei de esterilização, não é possível dizer que são totalmente nazistas. Aliás, a lei alemã de 1933 se inspirou na lei de esterilização da Califórnia, estado norte-americano que mais esterilizou nos Estados Unidos. O restante da Europa não aceitou as leis eugenistas de cunho negativo. A castração e a esterilização eram vistas como mutilação e, portanto, repugnantes aos olhos europeus. De modo geral, a Europa adotou medidas eugenistas mais positivas, ligadas à medicina social, que visavam à profilaxia do meio ambiente.

O movimento eugenista na Alemanha passou por três momentos diferentes, de acordo com Ruth Engs: o Império (1890-1918), a República (1918-1933) e a Alemanha Nazi (1933-1945). Conceitualmente, a eugenia na Alemanha era chamada também de higiene racial [*Rassenhygiene*]. O primeiro teórico a introduzir as ideias eugenistas na Alemanha foi Wilhelm Schallmayer, em 1891, num artigo que discutia a degeneração da raça alemã. Quatro anos depois, o médico Alfred Ploetz, conhecedor de Galton, definiu procedimentos eugênicos para a *Rassenhygiene* num livro que despertou grande interesse do público. Mas foi o livro *Vererbung und Aulese in Lebenslauf der Völker* [Hereditariedade e seleção na história das nações], de Schallmayer, publicado em 1903, que lançou as bases da eugenia germânica. Apesar disso, será ainda

Alfred Ploetz o grande líder da eugenia até o período anterior à explosão da Primeira Guerra Mundial. Em 1905, ele fundou a Sociedade Alemã para Higiene Racial, instituição que pregava métodos de eugenia positiva para melhorar a saúde e a eficiência de todo o povo alemão. Essa primeira organização eugenista nasceu com o objetivo de orientar a classe média alemã. Nessa época, a esterilização ainda era muito mal vista e a eutanásia e o aborto eram rejeitados pelos médicos.

Paralelamente ao eugenismo alemão surgiu o movimento pela defesa da raça nórdica, tal como a defesa da raça anglo-saxã nos Estados Unidos. Primeiramente, o conceito de "raça nórdica" foi estabelecido em 1900 pelo antropólogo francês Joseph Deniker e popularizado por um alemão, Hans Günther, anos depois, para designar a supremacia ariana. Os nórdicos, no entender desses teóricos racistas, eram a "raça superior" da região Norte da Europa e, entre suas principais características, estavam a energia, a capacidade de julgamento, a força para enfrentar os desafios da civilização. A promoção desse conceito apresenta no outro extremo o antissemitismo, mas isso não quer dizer que a eugenia seja antissemita. No entanto, o medo da "decadência nórdica" dirigia-se principalmente ao cruzamento dos arianos, ou povos germânicos, com romanos, gregos e outras civilizações medievais que, desde o século XI, estariam degenerando a raça nórdica. Alemães, dinamarqueses, holandeses, suecos, noruegueses, finlandeses compunham esse conjunto de descendentes dos povos germânicos que carregavam em sua herança genética os caracteres hereditários dos antigos.

O conceito de raça nórdica foi muito utilizado. No entanto, o conceito de "raça ariana" foi mais aceito, principalmente entre os anglo-saxões, que se incluíram no grupo. Em princípio, a maioria dos eugenistas criticou o "nordicismo", mas após Günther popularizar o conceito, no período pós-Primeira Guerra Mundial, o nacional-socialismo se serviu das ideias de "raça nórdica" e de "higiene racial" para tirar a Alemanha da crise econômica e da instabilidade social. Foi durante a República de Weimar que os eugenistas alemães e outros profissionais começaram a se preocupar com a regeneração do homem ariano a fim de reduzir o custo social gerado pelos "improdutivos". A partir da década de 1920, a esterilização começou a ser defendida entre eugenistas e muitas instituições foram formadas a fim de institucionalizar esse saber em todo o país. A Associação de Pesquisa Genética foi criada em Berlim em 1921; na Bavária, a eugenia se tornou disciplina universitária e, em 1927, foi criado o Instituto Kaiser Wilhelm (KWI), talvez o maior centro de pesquisa e divulgação de eugenia, genética e ciências sociais da Alemanha, dirigido pelo antropólogo Eugen Fischer. Sediado em Berlim, o KWI recebeu financiamento da Fundação Rockfeller, que construiu as instalações em 1927. Atualmente o KWI é conhecido como Instituto Max Planck. Outro grande centro científico alemão foi o Instituto Kaiser Wilhelm de Genealogia e Demografia do Instituto Alemão de Psiquiatria (KWIP) em Munique, que também recebeu ajuda da Fundação Rockfeller. Durante a década de 1920, essas duas instituições defenderam linhas teóricas diferentes. O KWI de Berlim estava orientado para a formação de médicos nos assuntos relacionados à eugenia e aos estudos de antropologia. Já o KWIP de Munique defendia os princípios da raça nórdica, pregando a eugenização negativa da raça alemã.

No entanto, apesar do momento histórico pelo qual a eugenia passava no mundo, nenhuma lei de esterilização fora aprovada na Alemanha na década de 1920, principalmente por causa da garantia democrática dos direitos civis. Esse princípio vigorou até 1932, quando a Prússia aprovou uma lei de esterilização inspirada na Lei de 1924 dos Estados Unidos. Sua aprovação foi conduzida pelo jesuíta Hermann Muckermann, tendo o aconselhamento de Harry Laughlin. Após a ascensão nazi em 1933, a esterilização foi rapidamente adotada e a ideologia nórdica mesclada com a eugenia. A lei de esterilização alemã foi aprovada em 14 de julho de 1933, mas passou a vigorar a partir de 1º de janeiro de 1934. O primeiro artigo da lei reza o seguinte:

> Toda pessoa portadora de uma doença hereditária poderá ser esterilizada por meio de uma operação cirúrgica se, após as experiências das ciências médicas, for atestado que há uma grande probabilidade de que os descendentes dessa pessoa sejam afetados por um mal hereditário grave, mental ou corporal. [...] É considerado portador de uma doença hereditária pelo senso da lei toda pessoa que sofre das seguintes doenças: 1) debilidade mental congênita;

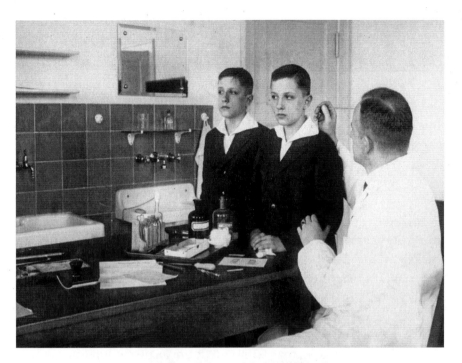

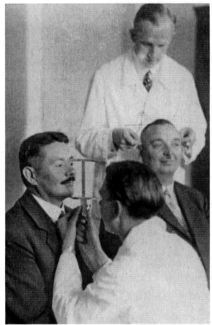
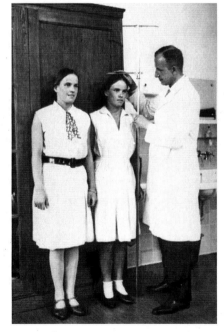

O médico do regime nazista Otmar Freiherr von Verschuer realizou, na década de 1930, exames antropométricos na população alemã para provar características comportamentais. Nas imagens, o registro de seus estudos com irmãos gêmeos.

2) esquizofrenia; 3) loucura circular (maníaco depressivo); 4) epilepsia hereditária; 5) doença de Huntington; 6) cegueira hereditária; 7) surdez hereditária; 8) malformação corporal grave e hereditária.[4]

Essa lei, como já foi dito, teve inspiração nas leis norte-americanas, já que na década de 1930 o modelo americano era exportado para diversas partes do mundo. Portanto, é importante ter em vista que a lei de esterilização não é totalmente nazi, pois ela foi aprovada seis meses após a ascensão de Hitler, o que mostra um interesse anterior no tema na Alemanha.

A lei de 1933 foi recebida com resistência pela Igreja Católica, que anos antes, através do papa Pio XI, condenou abertamente a eugenia na encíclica *Casti Connubii*, de 31 de dezembro de 1930. Essa resistência da Igreja iria refletir no tipo de eugenia praticada por diversos países católicos do mundo, principalmente pelos latino-americanos.

A lei de esterilização alemã se mostrou menos dura do que a norte-americana, pois ao contrário das leis dos Estados Unidos, não visava a criminalidade, mas somente doenças de caráter hereditário. Além disso, a Alemanha também era mais rígida e organizada na aplicação das leis. No entanto, as práticas eugênicas alemãs indicam a pretensão de fundar um novo tipo de política baseada na biologia, para a construção da super-raça alemã. Até a chegada do furor genocida nazista, a eugenia alemã era mais ou menos racista, seus membros eram mais ou menos defensores da raça nórdica, mais ou menos antissemitas. Uns não eram nem uma coisa nem outra.

Hans Günther e Adolf Hitler serão os responsáveis pela disseminação das ideias racistas ligadas à pureza da raça e à superioridade nórdica na Alemanha. A partir da chegada de Hitler ao poder, as ideias contidas no seu livro *Minha luta* (1925) puderam ser implantadas. Um ano antes de se tornar chanceler – sua posse foi em 30 de janeiro de 1933 –, a Alemanha havia aprovado o código de regulamentação dos casamentos para os membros da SS obrigando certificados de saúde para as famílias. Além disso, proibia que seus membros tivessem ascendentes judeus ou ex-escravos em sua árvore genealógica. Esse código antecipou as Leis Raciais de 1935, o início da radicalização do regime. Até então, muitos dos geneticistas que defendiam a eugenização da Alemanha eram judeus. Por isso, é um duplo erro considerar a eugenia uma especialidade nazista e uma ideologia antissemita. Existiram eugenistas e diversos cientistas da área biomédica judeus na Alemanha que, penalizados pelas Leis Raciais de 1935, foram obrigados a deixar o país, mas seguiram com suas profissões e ideologias, ainda que eugenistas. Por exemplo, o psiquiatra Franz Kallmann defendeu a esterilização de 10% da população alemã, acreditando que possuíam o gene da esquizofrenia. Após emigrar para os Estados Unidos, tornou-se membro da Sociedade Americana de Eugenia e seguiu defendendo a eugenia na Alemanha, ao mesmo tempo em que lecionava Psiquiatria na Universidade de Colúmbia. Muitos banqueiros judeus também financiaram associações de pesquisa alemãs, como as famílias Loeb e Kühl. Não há, portanto, relação direta entre eugenia e antissemitismo e, apesar de parte dos eugenistas defender a superioridade da raça nórdica, essa ideia não era generalizada entre eles. Serão as normas implantadas em 1935 que mudarão o aspecto da eugenia na Alemanha e a maneira como ela será vista pelo resto do mundo.

As Leis Raciais de 1935 foram um conjunto de leis instaladas pelo regime nazista que colocaram em prática a construção do super-homem, há muito presente na cultura alemã. A ideia do super-homem foi usada pela primeira vez pelo filósofo alemão Friedrich Nietzsche em seu livro *Assim falou Zaratustra,* no mesmo ano quem que Francis Galton usou pela primeira vez o termo eugenia. A ideia de super-raça daí decorrida foi defendida também pelo compositor alemão Richard Wagner na sua ópera *O anel do Nibelungo,* um ciclo de quatro peças que contam a mitologia alemã. Nietzsche foi influenciado por Wagner, mas também pelo darwinismo do século XIX e pelas teorias degeneracionistas desse século. A ideia do super-homem foi deturpada após a morte de Nietzsche, tornando-se uma ideologia que amparou a Alemanha nazista na construção da super-raça.

A Lei para a Proteção da Saúde do Povo Alemão (1935) previa o controle e a proibição dos casamentos entre indivíduos com doenças venéreas e doenças genéticas. Essa lei complementou a lei de esterilização de 1933. O primeiro artigo da lei dizia o seguinte:

Nenhum casamento poderá ser realizado nem concluído:
a) quando um dos noivos sofrer de uma doença contagiosa, que possa prejudicar a saúde de seus descendentes;

b) quando um dos noivos estiver internado ou momentaneamente sob a tutela do Estado;

c) quando um dos noivos, sem estar internado, sofrer de doença mental, que faça do casamento "indesejável" para sua comunidade étnica;

d) quando um dos noivos sofrer de doença hereditária nos moldes da Lei de prevenção da descendência [Lei de 14 de julho de 1933].

A propósito do parágrafo 1, letra d, não há oposição ao casamento se um dos parceiros for estéril.[5]

A Lei para a Proteção e Honra do Sangue Alemão proibiu os casamentos inter-raciais, ou seja, entre judeus ou outros grupos "étnicos" e "alemães de sangue puro". Como exemplo, a Gestapo mandou esterilizar secretamente mais de quatrocentas crianças mestiças geradas no casamento entre alemães e descendentes de africanos da colônia francesa na África ocupada durante a Primeira Guerra Mundial. E finalmente, o programa Lebensborn criou centros de maternidade assistida entre os indivíduos superiores. Como uma fábrica, casais geravam filhos para serem educados e criados sob as normas eugênicas desde o nascimento. Oito casas reuniram mulheres grávidas e pelo menos 12 mil crianças nasceram durante o programa implantado por Himmler em 12 de dezembro de 1935. Esse conjunto de medidas iniciadas em 1935 resultou num grande programa de extermínio após o início da Segunda Guerra Mundial.

Estima-se que mais de 1.700 tribunais, entre 1934 e 1945, aprovaram cerca de 400 mil esterilizações na Alemanha e nos países ocupados durante a guerra. Quanto à eutanásia, Hitler iniciou o processo antes da guerra, com a ordem de executar todas as pessoas com doenças mentais ou físicas que estivessem internadas em hospitais alemães para desocupar os leitos no período de guerra. Esse decreto foi assinado um dia antes da ocupação da Polônia, em 31 de outubro de 1939. Em seguida, uma lei regulamentando a eutanásia passou a vigorar e, entre 1939 e 1941, foram documentados 100 mil casos de eutanásia; após essa data, até o final da guerra, foram mais 150 mil casos documentados, entre alemães com problemas mentais e deficiências físicas. Com a criação dos campos de concentração no início da década de 1940, os indesejáveis, incluindo judeus, ciganos, homossexuais e oponentes ao regime, foram assassinados. As câmaras de gás matavam de acordo com a seguinte ordem: judeus doentes; não judeus doentes; idosos; alcoólatras e incapazes (indigentes, vagabundos, prostitutas etc.). Além disso, o programa T4 (*Tiergartenstrasse*) ordenou a morte por gás de todas as crianças que nasciam com má-formação ou algum tipo de doença mental. Tal programa foi suspenso em 1941.[6]

Essa política de extermínio se utilizou de diversos métodos para fazer valer seus fins: câmaras de gás, injeção letal e morte por desnutrição. Apesar de ser chamada eutanásia selvagem, possuía um aparato estratégico muito organizado. Mais de 70 mil casos documentados em 6 casas de gás; entre 117 e 165 mil casos em dois anos (1940-1941), além de 100 mil mortes por desnutrição. Os números e os nomes das pessoas que sofreram com a eutanásia selvagem são difíceis de precisar. Existem poucos arquivos sobre essa prática. Alguns pesquisadores ainda se esforçam para recuperar parte da história do Holocausto alemão. O Tribunal de Nuremberg estimou a morte de cerca de 270 mil alemães, dentre os quais 70 mil idosos e 200 mil doentes.

Além da solução final que executou mais de 6 milhões de judeus, a partir de 31 de julho de 1941, o nazismo, através da eugenia e do conhecimento científico, esterilizou e matou sob o argumento da raça centenas de milhares de pessoas "indesejáveis" na Alemanha. Os eugenistas não eram partidários do extermínio. Para a Alemanha, o extermínio não passou de uma medida econômica que poupou aos cofres nazistas mais de 885 milhões de marcos no cuidado com os "incapacitados". Dessa forma, entende-se como a lógica biológica mascarou a lógica econômica. Muitos dos responsáveis pelas práticas da eutanásia na Alemanha foram penalizados, mas muitos deles foram reincorporados em universidades e centros de pesquisa do mundo todo. A partir de 1948, a eugenia foi "enterrada viva". Falar em seu nome seria reavivar as práticas julgadas pelos tribunais de Nuremberg. Os militantes eugenistas voltam-se para os estudos de população e genética, e seu discurso é reorientado. Agora não é mais o homem que degenera, é a Terra. Todos nós somos responsabilizados pelo bom funcionamento do planeta. Bem-vindos ao admirável mundo do discurso apocalíptico-ecológico!

NÓRDICOS, BRANCOS E PUROS

A eugenia afetou a Escandinávia e a estigmatizou como portadora da raça nórdica. A história da eugenia nos países escandinavos

(Dinamarca, Suécia, Noruega e Finlândia), grandes praticantes da esterilização, tem particularidades interessantes. No entender de Gunnar Broberg, a noção de pureza da raça nórdica é um mito entre os escandinavos explorado a custo de muita publicidade. Historicamente, a Escandinávia recebeu grandes ondas migratórias, principalmente na Dinamarca, mas é verdade também que atualmente a Escandinávia é um conjunto relativamente homogêneo etnicamente. Isso não quer dizer que acreditamos nessa premissa. Uma coisa é certa: a eugenia na Escandinávia pode ter sido mais branda, mas certamente não foi menos efetiva. Nesses países, a eugenia passou por dois períodos. Um primeiro, pré-Primeira Guerra Mundial, mais teórico e baseado em diferenças raciais herdeiras do degeneracionismo do século XIX, e um segundo momento, no período entreguerras, mais radical e antirracista, baseado nos preceitos biológicos da eugenia. Durante esse segundo momento, o *welfare state* é instalado na Escandinávia e essa é a particularidade da eugenia nessa região. Por isso, esse eugenismo é

A imagem mostra crianças eugenizadas durante um festejo cívico na Suécia.
Nesse país, a eugenia surgiu como um desdobramento do *welfare state*.
A sociedade foi organizada a partir da separação entre aptos e inaptos.

antirracista. Nas ideologias democráticas e socialistas, comuns a esses países entre as décadas de 1930 e 1940, o igualitarismo é uma premissa, portanto o conhecimento científico serviu somente para estabelecer as regras para a aplicação de medidas eugênicas, principalmente a esterilização compulsória e voluntária. A Suécia foi o único país a ter uma sociedade nacional de eugenia. Fundado em 1922 pelo biólogo Herman Lundborg, o Instituto para a Biologia da Raça de Upsala defendeu a lei de esterilização naquele país, instituída em 1935. Outros países escandinavos também tiveram suas instituições e organizações eugênicas, mas nenhuma vinculada ao Estado.

Dessa forma, a Escandinávia aplicou severamente as medidas eugênicas. Estima-se que a Suécia tenha esterilizado cerca de 39 mil pessoas (1935-1960); a Noruega, 7 mil pessoas (1934-1960); a Finlândia, 17 mil pessoas (1935-1960) e a Dinamarca, 11 mil pessoas (1929-1960). Proporcionalmente, a Suécia foi o país que mais esterilizou, à exceção da Alemanha. O alvo principal das esterilizações eram os criminosos sexuais e os doentes mentais. O primeiro país a considerar a esterilização foi a Dinamarca, que desde o primeiro governo trabalhista, em 1924, tentou aprovar a lei de esterilização que foi finalmente aceita em 1929.[7]

As regras para o estabelecimento das leis de esterilização na Escandinávia estavam embasadas na respeitabilidade de geneticistas e da comunidade científica da época. Havia os dissensos como, por exemplo, o geneticista norueguês Otto Lous Mohr, que acreditava que a esterilização era ineficaz, e o sueco Gunnar Dahlberg, que temia um movimento social contra tais medidas. Do ponto de vista social, a aceitação pública da lei de esterilização foi envolta num debate teórico sobre a eugenia e, em parte, pela visão racista que defendia o orgulho da "raça nórdica", especialmente na Suécia e na Noruega. Na Dinamarca, o tema da raça era menos importante e, na Finlândia, a disputa interna entre suecos que viviam no país e finlandeses impossibilitava esse tipo de debate. Tal como na Alemanha, a Escandinávia pretendeu implantar um programa de higiene racial, no qual sanatórios psiquiátricos e instituições para doentes mentais se responsabilizariam em executar os exames necessários para definir os casos em que a esterilização compulsória seria necessária.

Esterilização para prevenção de crimes sexuais era a bandeira carregada pelas organizações de defesa dos direitos da mulher.

Aparentemente, o objetivo não era punir o criminoso, mas impossibilitar o doente de cometer um crime. A Finlândia tardou em colocar em prática a lei de esterilização porque costumava condenar os crimes sexuais com a castração. Além dos crimes sexuais, os doentes mentais eram o alvo principal dos eugenistas escandinavos. Mas é importante observar que há uma política de gênero para esses casos. Na Suécia, por exemplo, 90% dos casos de esterilização aconteceram entre mulheres, o que mostra uma preocupação com o desvio mental da mulher por parte de legisladores homens.

Dinamarca, Suécia e Noruega diminuíram os casos de esterilização entre doentes mentais durante meados da década de 1940 e princípios da década de 1950, e a Finlândia um pouco adiante. Isso se deve à queda gradual do prestígio da teoria após a Segunda Guerra Mundial, pela experiência nazista. No entanto, o decréscimo das esterilizações eugênicas não implicou o número total de esterilizações na Escandinávia. Primeiro porque os casos de esterilização eram indicados por médicos e, segundo, a esterilização era usada também como medida contraceptiva. Na Noruega foi praticada naturalmente até a década de 1970. A especificidade da eugenia nos países escandinavos, além da Estônia, está no fato de serem os únicos a implantar leis de esterilização na década de 1930 sob regimes democráticos. A Alemanha, por exemplo, não teve lei de esterilização até a ascensão do regime nazista. O modelo escandinavo de *welfare state* proporcionou o modo como a eugenia foi implantada: cientificamente controlada pelo Estado com finalidade de eliminar os caracteres indesejáveis da sociedade. Sucesso estético garantido para as gerações futuras na Escandinávia.

Os supersamurais e o aborto taoista

A Ásia sofreu durante o início do século xx o preconceito do Ocidente em relação à imigração principalmente de chineses e japoneses. A Lei de 1924, que restringiu a imigração nos Estados Unidos, é um desses exemplos. O Brasil resistiu à imigração japonesa na década de 1930, comparando-os ao enxofre, por serem insolúveis e inadaptáveis.[8] No entanto, China e Japão têm exemplos práticos – e recentes – de tentativas de aperfeiçoamento racial.

Durante o Período Meiji (1868-1912), o Japão implantou técnicas de melhoramento da raça através de um programa para a produção de futuros guerreiros samurais. Guiado por Katsuko Tojo, esposa do general Hideki Tojo, condenado em 1941 por crimes de guerra, o programa dava suporte econômico às mulheres com famílias numerosas. No entanto, tal incentivo significou o aumento dos nascimentos de pessoas com doenças mentais, o que ocasionou a revogação do programa em 1938. No entanto, a eugenia japonesa, apesar de inspirada nas teorias eugenistas do Ocidente, desenvolveu noções de inferioridade que colocaram no extremo oposto a raça caucasiana branca. Dessa forma, o "orgulho" japonês foi desenvolvido ao longo de princípios do século xx baseado nas noções de civilidade e saúde, na transição do Japão imperial para o Japão moderno pré-Segunda Guerra Mundial. Feministas e reformistas sociais foram os principais adeptos das ideias do médico Osawa Kenji, pioneiro no discurso medicalizante e de melhoria da raça no Japão.

A Eugenic Protection Law [Lei de Proteção Eugênica] (EPL) foi instaurada, em 1948, no Japão pós-guerra e ocupado pelos Estados Unidos. Essa lei foi formulada sob inspiração da lei de esterilização nazista de 1933, a fim de prevenir a reprodução dos "indesejados", incluindo pessoas com doenças infecciosas, entre as quais a lepra. Nesse processo, o aborto passou a ser mais controlado no Japão em função do fenômeno de seleção natural reversa, denominado *gyaku-tota*. Em síntese significava que o depósito de "bons" caracteres estava sendo reduzido em relação aos "maus" caracteres, incrementados em função da falta de orientação das famílias de classe baixa, que, nessa visão, procriam mais que a elite letrada, que fazia uso de métodos contraceptivos e do controle de natalidade. Dessa forma, a EPL tratou de implantar uma política eugênica mais rígida e radical do que as políticas eugênicas do período pré-guerra, expandindo as práticas compulsórias de esterilização entre a classe mais pobre.[9]

A China, por outro lado, tem fama, nos dias de hoje, de praticar a eugenia. Uma lei de 1995 prevê exames pré-nupciais para o controle de doenças genéticas, infecciosas ou mentais. Os médicos que preparam os pareceres desses exames podem considerar inapropriada a procriação do casal e um dos parceiros é "convidado" a ser esterilizado voluntariamente.[10] Do mesmo modo, o aborto é indicado se detectada alguma doença pré-natal. Tal lei atinge mais de 70% da população chinesa e é aplicada em grande parte entre minorias étnicas e camponeses. No entanto, a eugenia na China não é uma novidade da última década. Desde a China Imperial há uma preocupação com a descendência da raça chinesa. Para essa cultura milenar, os ancestrais são sempre os responsáveis pelas gerações futuras e conceber uma criança com qualquer tipo de deficiência significa uma falha moral de seus pais, o que é inconcebível nesse modelo de sociedade. Nesse sentido, Confúcio disse no século IV a.C.: "O nascimento é o início da vida e a morte o fim. O ser humano que tem um bom início e um bom fim encontra o Tao". Dessa forma, na China o aborto é moralmente e socialmente aceitável tendo em vista que a vida se inicia com o nascimento. Pesquisadores argumentam que não há tradição racista na China e que esse país sofreu com o imperialismo e o militarismo japonês, mas o que dizer quanto à dominação chinesa no Tibete? Muitos afirmam, ainda, que a lei chinesa não é eugenista, pois do ponto de vista econômico, ela previne as famílias do trabalho dobrado para manter um indivíduo não produtivo. Esse discurso caberia perfeitamente cem anos atrás.

Mestiçagem cósmica ou superioridade latina?

Na América Latina, o desejo de transformação racial esteve diretamente ligado à formação das identidades nacionais. Os cientistas europeus estereotiparam negativamente os países da América Latina, por não serem nações consolidadas e com identidade definida. A necessidade de afirmação latina diante da crítica europeia tinha por objetivo mudar a opinião dos europeus sobre a realidade racial de diversos países. Para os europeus, a Argentina significava o "melhor do pior da Europa"; o México, com sua maioria racial de índios e "*mestizos*", afastava-os da norma branca europeia; e, finalmente, o Brasil, com seu clima tropical, estimulava a miscigenação e, portanto, sua deterioração racial. Dessa forma, a América Latina abraçou a nova teoria científica para o melhoramento racial, a eugenia, para encontrar respostas satisfatórias e resolver o problema da miscigenação, até então muito malvisto pelos europeus.

De modo geral, o movimento eugenista latino-americano pensou de diversas maneiras os temas ligados a raça, nação e degeneração.

É particularmente interessante porque mostra as tensões entre as dimensões do eugenismo internacional e local na ciência do aperfeiçoamento racial. Se houve algum lugar onde o eugenismo encontrou grande resistência, esse lugar foi a América Latina, através do conservadorismo anticientífico da Igreja Católica. Isso não quer dizer que sua forma foi menos incisiva. De colonização predominantemente ibero-hispânica, a América Latina possui uma forte tradição católica, conservadora e elitista, dada a desigualdade social no seu processo histórico. Esse perfil proporcionou a emergência de um tipo de eugenia particular em cada país latino. Além do Brasil, único de colonização portuguesa, Argentina, Cuba, México, Uruguai, Panamá, Porto Rico e Peru foram alguns dos países que buscaram institucionalizar a eugenia através de biólogos atuantes e engajados. Mas é importante ter em mente que nenhuma dessas experiências pode ser comparada entre si, pois há particularidades locais que impedem esse tipo de análise. Se há algum aspecto que coloque esses países latinos lado a lado no que diz respeito à eugenia, é o anseio pela formação de uma identidade nacional.

Os países latinos que mais agregaram a visão eugênica aos discursos políticos sobre a formação da nação foram a Argentina e o México. A origem da eugenia argentina data das duas primeiras décadas do século xx. O médico de esquerda Emilio Coni pregava a legislação eugênica para melhorar a saúde sanitária em 1909, o que associou o início do movimento eugenista argentino às reivindicações anarquistas. No entanto, a eugenia argentina é considerada a mais racista e conservadora de toda a América Latina.[11] O mais importante representante da eugenia na Argentina, o médico Victor Delfino, esteve presente no Primeiro Congresso Internacional de Eugenia, realizado em Londres, no ano de 1912, e organizou um comitê eugênico argentino em 1914. A Sociedade Argentina de Eugenia só seria fundada em 1918, após a criação da Sociedade Eugênica de São Paulo, por Renato Kehl.

A conjuntura em que floresceu a eugenia na Argentina é caracterizada por uma crise econômica e pela reorientação política radical rumo à extrema direita, o que tornou o país extremamente xenófobo. Esse "estado de coisas" acendeu os debates, na década de 1930, acerca da imigração dos "estrangeiros" e motivou a cultura saudosa do passado hispânico e latino. Essa era uma das opções para promover o progresso social argentino em crise e controlar a entrada dos "diferentes" em defesa da *"argentinidad"*. Entenda-se "diferentes" os imigrantes oriundos de países chamados "orientais", ou seja, Rússia, Síria e Líbano. Do ponto de vista da composição racial, a Argentina era (e ainda é) um país branco; quase metade dos imigrantes que entraram no país, entre 1890 e 1930, era de origem italiana; somente 2% da população do país era negra e os indígenas eram marginalizados. Efetivamente, a Argentina foi o único país da América Latina a realizar o branqueamento racial. Isso porque a eugenia argentina teve uma conexão forte com o fascismo italiano.

Os argentinos inspiraram-se no Istituto de Patologia Especial Médica da Universidade de Roma, dirigido pelo médico Nicola Pende para formar a Associação Argentina de Biotipologia, Eugenia e Medicina Social (AABE), fundada em Buenos Aires, no ano de 1932. Nicola Pende era adepto do antropólogo italiano Cesare Lombroso, que desenvolveu um esquema de medição antropológica através das dimensões do crânio e pela disposição fisionômica dos indivíduos, esquema semelhante ao desenvolvido por Francis Galton. Pende visitou a Argentina em 1930, época em que o país viveu um golpe militar – o primeiro de uma série de seis – e a ascensão ao poder da extrema direita.

Os temas debatidos pela AABE eram a demografia, a fertilidade e a natalidade, imigração e temas relacionado à hereditariedade. Todos esses temas tinham como pano de fundo a preocupação principal de *"difesa della stirpe"*, tal como o fascismo italiano se referia à nacionalidade desde a década de 1920. Diversos cientistas argentinos estiveram na Itália para estudar a biotipologia eugenista de Pende, que se mostrou mais radical do que a defendida por eugenistas estadunidenses e ingleses. A biotipologia fascista originou o "Manifesto della razza", firmado em 25 de julho de 1938 por cientistas, intelectuais e políticos italianos em favor da raça italiana, de cunho extremamente antissemita e xenófobo. O objetivo desse manifesto era prevenir as uniões "desgraçadas" e extirpar do território italiano – que compreendia também a Etiópia – a raça inferior e não herdeira, do ponto de vista biológico, do passado heroico da Roma Antiga.

Desde a ascensão de Benito Mussolini, na Itália, e a Marcha sobre Roma, em 1922, houve um crescimento da defesa da raça branca tendo em vista a civilização mediterrânea e latina dos tempos antigos. Os adeptos dessa visão fanática acreditavam ser os remanescentes da Roma Antiga e viam na raça um sentido não unicamente biológico como os nazistas, mas espiritual e "histórico-linguístico". A ênfase do fascismo italiano estava na defesa da pureza, da unidade e do tipo ariano. Os argentinos transpuseram as ideias do fascismo italiano para a sua realidade e passaram a defender uma *"argentinidad"* herdeira como parte da herança latina e mediterrânea. A defesa da latinidade apresenta-se como um novo elemento do racismo científico na América Latina. Dessa forma, na defesa da nacionalidade, a eugenia argentina constrói seu discurso através da nostalgia pelas raízes hispânicas e reabilita o nativo sob seu aspecto romântico e folclórico.

Inspirados por todas essas premissas do fascismo italiano, a AABE pretendia compor um arquivo racial nacional, praticar a seleção matrimonial e realizar a educação sexual. Para a composição do arquivo racial, cada indivíduo possuiria uma "ficha biotipológica", considerada o passo mais importante para a implantação de medidas eugênicas na Argentina. Ela era compulsória; as escolas se encarregavam de recolher os dados das crianças e de suas famílias para compor o patrimônio biológico da nação e aplicar as devidas medidas correcionais, ou "ortogênicas". Essa política tinha atenção especial aos biótipos femininos. Para esses eugenistas, preservar a biologia feminina significava proteger a família, o que dá um perfil extremamente machista ao movimento.

A eugenia argentina, portanto, era contrária ao aborto, favorável à reprodução responsável e muito antifeminista. Previa o controle da sexualidade para controlar a possibilidade de desintegração familiar pela infidelidade e obrigava a mulher a fazer o registro nacional de cada gravidez, assim como a assistir às aulas de educação compulsória para a maternidade, nos moldes de um treinamento militar. Na verdade, não havia uma preocupação com a mulher, mas com a mãe, portadora do futuro germe-plasma da nação.

Outra das preocupações dos eugenistas argentinos era a aprovação de uma lei de imigração restritiva para impedir a entrada de indivíduos incapazes de assimilar o modo de vida argentino. Entre esses "incapazes" estão os judeus, os libaneses, os russos e os sírios. Essa restrição aplicava-se também a todas as pessoas com defeitos físicos e mentais. A influência principal para a execução das medidas de imigração restritiva é a Lei de 1924 aprovada pelos Estados Unidos. No entanto, a Argentina rejeita a lei de esterilização eugênica, mas admira os Estados Unidos por tão bem-sucedida medida, pelas políticas segregacionistas e pela imigração restritiva. A Argentina via na imigração aberta a ameaça do comunismo e o risco do sucesso de seu projeto de Nação através da entrada de pessoas com diferentes costumes e idiomas. Arturo Rossi, presidente da AABE, convoca todos os eugenistas para "defender a civilização branca [...] com energia e tenacidade", e Carlos Bernaldo de Queirós propõe a exclusão radical de judeus, poloneses, mulatos e "zambos" (mestiços de negros e índios) por incompatibilidade cultural. Esse discurso radical se aproxima das leis raciais alemãs e dá um aspecto extremo às políticas imigratórias argentinas. Como os outros exemplos de eugenismo, na Argentina, o declínio de sua popularidade a partir do confronto mundial na década de 1940 transformou o discurso biotipológico e eugenista em discurso estatístico e demográfico. Mais uma vez, a eugenia foi travestida, nesse caso, de ciência social.

O México praticou um tipo de eugenia diametralmente oposto ao da Argentina. Foi o único país a ter uma legislação para esterilização, medida rejeitada pelo restante da América Latina. A eugenia no México remonta aos tempos da Revolução Mexicana (1910), que acabou com a ditadura do general Porfírio Diaz. Os anos pós-Revolução foram marcados por uma onda de violência, pobreza e desagregação social, que contribuíram para as medidas de caráter eugenista adotadas posteriormente. Com o crescimento do nacionalismo de Estado, o novo governo, de orientação materialista e anticlerical, defendeu os direitos dos trabalhadores e a classe média; legalizou o divórcio e a educação laica e regulamentou a atuação da Igreja Católica, a partir da Constituição de 1917. A regulamentação religiosa tinha em vista restringir o poder da Igreja, que era associada ao conservadorismo e à tradição hispânica "creola".

Quanto à composição racial mexicana, sua população era principalmente índia e mestiça, sem traços marcantes de imigração. Em 1911, a população estava dividida da seguinte forma: 35% indígenas; 50% mestiços; 15% creoles (brancos hispânicos). Para a elite mexicana, a ideia de um México unido cultural e linguisticamente seria a resposta necessária ao negativismo europeu, à respeito da raça. Desde o período pré-Revolução, o México almejava essa "inversão racial", cujo objetivo seria ressaltar a mestiçagem e o indigenismo local como opções para o desenvolvimento e a nacionalidade. Justo Sierra e Andrés Molina Enriques defendiam o mestiço com entusiasmo, entendendo-o como um elemento dinâmico e importante da vida social mexicana, invertendo, dessa forma, a lógica negativista europeia sobre a América hispânica. Durante a década de 1910, o México conheceu a *stirpiculture*, através de um artigo de Fortuno Hernandez, talvez influenciado pelos Estados Unidos. Mas é verdade também que a eugenia adentrou no país pelos círculos comunistas e socialistas inspirados na Rússia revolucionária e na Alemanha da República de Weimar, na década seguinte.

A partir da posse do presidente Álvaro Obregón, em 1920, é inaugurada uma fase estatizante, com novo perfil político, econômico e social que proporcionou o florescimento do "indigenismo". Essa exaltação indígena tinha por objetivo ressaltar a importância do índio na revolução social. No entanto, a própria ideia do indigenismo foi uma construção da elite branca, pouco comprometida com reformas sociais. Contudo, a elite celebrou a autonomia, a variedade linguística, dos hábitos, dos costumes e dos modos de vida das comunidades indígenas do México.

Mas para entender a eugenia no México é necessário ter em vista seu perfil anticatólico, pois o racionalismo revolucionário aproximou-se do cientificismo para solucionar os problemas da nacionalidade, da raça, da sexualidade e de gênero. Nesse sentido, todas as medidas eugênicas implantadas no México faziam parte do programa revolucionário de saúde pública. Educação sexual e esterilização eram os dois principais alicerces do movimento eugenista mexicano. A educação sexual foi defendida em 1932 pelo Bloco Nacional das Mulheres Revolucionárias, da Cidade do México, que pediu à Sociedade de Eugenenia do México um projeto para todas as escolas por meio do qual todas as crianças até os 16 anos receberiam orientação sexual para disciplinar o "instinto sexual". O projeto dessas feministas eugenistas foi recebido com escândalo pela opinião pública e pelos médicos. Em 1934, o secretário da educação renunciou à ideia. Isso mostra o quanto os eugenistas mexicanos mesclaram atitudes ao mesmo tempo modernas e conservadoras. Defendiam a educação sexual, o controle da mortalidade infantil, a gravidez e a esterilização.

Quanto à esterilização, o médico Félix Palaviccini propôs em 1921, a Infância, durante o Congresso da Infância, a esterilização para os criminosos, ideia que recebeu muitos votos, mas não foi aprovada. Em 1930, quando o movimento eugenista estava mais organizado no país, essa ideia foi reavivada pelo sucesso da prática nos Estados Unidos, na Suécia e na Noruega. Sob essa inspiração, foi fundada em 1929 a Sociedade Mexicana de Puericultura, para a eugenia positiva infantil. Para a eugenia negativa, a primeira lei de esterilização mexicana foi aprovada no estado de Veracruz, pelo governador Adalberto Tijeda, um caudilho revolucionário que apoiava a reforma agrária. Para Tijeda, a lei de esterilização era a expressão do anticlericalismo radical e do sucesso da ciência sobre o obscurantismo religioso. A criação da Sociedade Eugênica Mexicana para o Aperfeiçoamento da Raça (SEM), em 1932, aconteceu durante a consolidação do Estado nacionalista e conservador o que deu um perfil, mais radical para a eugenia. Contou com cerca de 130 filiados, dentre os quais cientistas de prestígio. Realizou reuniões regulares e publicou o *Boletim da Sociedade Eugênica Mexicana* (posteriormente *Eugenesia*). O presidente, Alfredo Saavedra, esboçou um Código de Eugenia Mexicana, iniciativa desviada pelo projeto polêmico de educação sexual. A SEM esteve em conexão com o governo através do departamento de saúde pública, a pedido do sociólogo Salvador Mendonza. Em 1942, o biólogo José Rulfo reclamou a revogação da lei de esterilização em função das atrocidades cometidas pelos alemães. Entende-se assim que a esterilização no México é um anacronismo, pois destoa de sua trajetória histórica.

A década de 1930 no México é marcada, portanto, pela intensificação do pensamento nacionalista e pela criação de novas estruturas para os trabalhadores. A discussão da nacionalidade na SEM perpassa pelo discurso da raça na tentativa de exaltar o mestiço e eliminar da nacionalidade mexicana, pelo processo de eugenia negativa, a raça negra. O caminho encontrado foi a imigração restritiva aos orientais e aos negros. Para os eugenistas, essas raças se reproduziam mais que os índios e os mestiços. A sinofobia promoveu uma campanha para a expulsão de 40 mil chineses, em 1910, e uma década depois, os mexicanos se recusam a receber cinquenta mil negros no Istmo de Tehuantepac, vindos dos Estados Unidos. Ambos impediriam a criação da "raça cósmica", a nação mexicana eugênica.

Boa parte dos eugenistas mexicanos, tal como José Vasconcelos, defenderam um tipo de eugenismo totalmente diferente daquele difundido no restante da América Latina. Eugenia aliada à miscigenação. José Vasconcelos foi o mais importante defensor da miscigenação mexicana. Para Vasconcelos, o "*mestizo*" era um elemento vital da vida mexicana. Seu livro *The Cosmic Race* (1924) mostra uma mestiçagem idealizada e sua proposta era de que, através da miscigenação, o México entraria numa "nova era", formando uma unidade racial fundida no que chamou de "raça cósmica". Em síntese, a raça cósmica seria a vitória da mestiçagem, que uniria todas as raças em uma só. Mas esse sucesso dependeria de uma fusão entre mestiços de mesmo nível social, de acordo com o biólogo mexicano José Rulfo. Essa postura favorável à miscigenação vai de encontro com a opinião da maioria dos eugenistas, que desprezava a mestiçagem considerando-a um elemento favorável à degeneração. Dessa forma, Vasconcelos rejeita o eugenismo científico e fisiológico, valorizando os cruzamentos raciais; assim, a raça mestiça eugenizada formaria a verdadeira raça cósmica. Apesar do misticismo da proposta, o indigenismo será de grande importância no México e na América Latina, para se contrapor à hegemonia anglo-saxã.

Os Estados Unidos estiveram envolvidos com vários dos projetos eugenistas do Caribe e da América Latina, e através do "pan-americanismo" tentaram impor suas ideias e seus pontos de vista aos latinos. Apesar disso, o eugenismo norte-americano era de natureza muito diferente da latina. Nos Estados Unidos, Charles Davenport defendeu um eugenismo racista baseado na identidade biológica e contrário aos cruzamentos raciais. Mas seu envolvimento na disseminação da eugenia na América Latina previa a hegemonia dos Estados Unidos sobre os demais países latinos. No entanto, houve um "desinteresse" dos eugenistas latinos pelos "métodos" norte-americanos. Uma exceção é o caso de Porto Rico, que aderiu à eugenia por influência dos Estados Unidos. Além de praticar a esterilização, teve uma experiência muito distinta daquela praticada no México. O perfil político de Porto Rico é não revolucionário, com uma trajetória histórica colonial dependente e vulnerável às políticas dos Estados Unidos. Durante a década de 1930, os Estados Unidos estavam com todo o "aparato eugênico" implantado e a política de esterilização eugênica, em Porto Rico, teve por objetivo combater a superpopulação e a pobreza no país. Em 1937, sob pressão dos Estados Unidos e contrário ao desejo da Igreja Católica, o país criou o "Conselho Eugênico" e instalou os métodos de controle de natalidade e a esterilização entre os indivíduos considerados "indesejáveis".

Cuba também é outro exemplo da influência dos Estados Unidos na eugenia latina. O país esteve ocupado duas vezes pelos Estados Unidos entre o final do século xix e princípios do século xx. Com Cuba possuindo uma elite extremamente racista e contrária à miscigenação, os Estados Unidos – com medo da entrada dos mestiços cubanos pela Flórida – tinham o cenário perfeito para implantar as ideias eugênicas. Esse predomínio teve início em 1921, durante o Segundo Congresso Internacional de Eugenia, realizado em Nova York, em que Davenport prega a pureza da raça diante de representantes do mundo todo. Desdobra-se desse evento a formação da Associação Pan-Americana de Eugenia e Homicultura, cuja sede será em Havana (Cuba). O médico cubano Domingo y Ramos foi o principal interlocutor de Davenport na empreitada para debater a eugenia em termos continentais. Davenport fornecia os subsídios sobre imigração e raça a Ramos, mas a maior tarefa realizada entre Davenport e Ramos foi a criação do Código de Eugenia e Homicultura para a América Latina. Apresentado na Primeira Conferência Pan-Americana realizada em Havana, em 1927, gerou muita polêmica entre os 28 delegados de 16 países, menos o Brasil, que não participou do evento. No centro dos debates estava a imigração restritiva, principalmente no que diz respeito aos asiáticos, a esterilização para criminosos e pessoas com defeitos físicos e a obrigatoriedade de certificados pré-nupciais para toda a população. No entanto, as propostas de Davenport/Ramos foram recusadas, dada a maleabilidade da eugenia nesses países, ao contrário do radicalismo intervencionista de Davenport. O controverso Código de Eugenia trazia as seguintes propostas: a formação de arquivos nacionais de eugenia; avaliação das condições individuais de reprodução; aprovação de leis de imigração restritiva; adoção de medidas nacionais para a defesa da pureza racial; incentivo à reprodução eugênica e anulação de casamentos considerados não eugênicos.

Em meio aos brados dos participantes da conferência ao ouvirem tais propostas, Ramos afirmou a necessidade de imitar os Estados Unidos. A Argentina julgou as propostas prematuras; a Costa Rica mostrou-se contrária ao controle de reprodução; o Peru, por intermédio de seu representante Paz Soldán – maior opositor ao Código –, avaliou o Código como uma "fantasia" desconectada da realidade, na qual a raça anglo-saxã não impera. Toda a oposição ao Código de Eugenia e Homicultura proposto por Ramos polarizou a disputa pela hegemonia da raça latina em oposição à raça anglo-saxã. Na Segunda Conferência Pan-Americana de Eugenia (1934), em Buenos Aires, eugenistas embaraçados com o extremismo dos Estados Unidos e de Charles Davenport "latinizaram" a conferência e, por consequência, a Associação Pan-Americana de Eugenia e Homicultura. Para a maioria dos latinos, a esterilização era malvista. O médico peruano Paz Soldán ressaltou que os latino-americanos tinham maiores problemas com que se preocupar além da raça, dentre os quais as condições de trabalho e as doenças epidêmicas. O argumento de Paz Soldán mostra o rumo que tomou a eugenia na América Latina a partir da década de 1940.

Em defesa da medicina social e da higiene, médicos constrangidos pela divulgação dos atos "eugenistas" cometidos durante a guerra decidem calcar seus caminhos em direção a ações de saúde que se afastassem dos debates sobre raça e hereditariedade. No Brasil, a trajetória do pensamento eugenista tem similaridades com os casos latinos; no entanto, tem particularidades pouco conhecidas entre o público brasileiro. O próximo capítulo mostrará como médicos investiram na ideia de pureza racial do povo brasileiro através do controle sobre o corpo de cada indivíduo visto como responsável pela formação da nacionalidade.

Notas

[1] Francis Galton, apud Ruth Clifford Engs (org.), The Eugenics Movement: an encyclopedia, Westport/London, Greenwood Press, 2005, p. 182. [Tradução da autora]

[2] Documento do laboratório psicopatológico do Tribunal Municipal de Chicago, 1922, apud J. B. S. Haldane, Heredité et politique, Paris, puf, 1938, pp. 2-3.

[3] J. Sutter, L'Eugénique: problème, méthodes, résultads, pp. 136-7, apud A. Pichot, La Société pure: de Darwin à Hitler, Paris, Flammarion, 2000, p. 211.

[4] J. Girard, Considerations sur la loi eugénique allemande du 14 juillet 1933, apud André Pichot, op. cit., p. 241. [Tradução da autora]

[5] O. von Verschuer, Manuel d'eugénique et héredité humaine, apud André Pichot, op. cit., p. 244. [Tradução da autora]

[6] A. Pichot, op. cit., p. 255.

[7] Idem, ibidem.

[8] R. Kehl, Sexo e civilização: novas diretrizes, Rio de Janeiro, Francisco Alves, 1923, p. 55.

[9] Yoko Matsubara, The making of the Eugenic Protection Law of 1948: Reinforcing Eugenic Policy after wwii, Ochanomizu University, Tóquio, 1999.

[10] Xin Mao, Chinese Geneticists' Views of Ethical Issues in Genetic Testing and Screening: Evidence for Eugenics in China, Chicago, University of Chicago. The American Journal of Human Genetics, volume 63 (1998), pp. 688-95.

[11] Nancy Leys Stepan, The Hour of Eugenics: race, gender and nation in Latin America, London, Cornell University Press, 1991, pp. 135-70.

O PARADOXO TUPINIQUIM
*A intelectualidade brasileira embriaga-se
com as ideias eugenistas*

AMEAÇA MESTIÇA NOS TRÓPICOS

No ano de 1929, Renato Kehl, no livro *Lições de eugenia*, decretou: "a nacionalidade brasileira só embranquecerá à custa de muito sabão de coco ariano"! Dessa premissa dependia a melhoria da raça brasileira. Essa imagem de limpeza remete também ao modo como deveriam agir os eugenistas: esfregando, torcendo e branqueando os corpos do povo brasileiro, como se fossem roupas sujas. Políticas compulsórias como a restrição à imigração, a esterilização e o controle de casamentos estavam entre suas propostas. Além de Kehl, maior propagandista da eugenia brasileira, diversos médicos inspirados por ele e pelo movimento internacional se envolveram fervorosamente em defesa da pureza e da limpeza da raça no Brasil. Mas uma pergunta não pode ser silenciada: como um país tão miscigenado pôde investir na eugenia, uma ideia que paradoxalmente vai de encontro à formação racial do Brasil? Para os eugenistas, que lugar caberia aos nativos indígenas, aos negros e aos mestiços que contribuíram durante quatrocentos anos para a formação histórica do Brasil?

Essas perguntas não poderão ser completamente respondidas, mas este capítulo tentará esclarecer algumas das principais premissas adotadas pelos eugenistas. Através de relações pessoais e institucionais, tornaram a eugenia não somente um campo de saber, mas também um objetivo a ser seguido por boa parte da intelectualidade brasileira. Surpreendente é que a eugenia teve uma permanência longa por aqui. Caiu no esquecimento após quase quarenta anos de intensos debates, reflexões e algumas realizações. Fenômeno pouco diferente do restante do mundo. Foi somente com a deflagração da Segunda Guerra Mundial e a divulgação dos métodos de esterilização e de limpeza racial pelos nazistas que mundialmente a eugenia tornou-se sinônimo de ciência a serviço da intolerância e de violência contra a humanidade. A partir daí o esquecimento tornou-se amnésia.

No Brasil, é indiscutível que a eugenia tenha sido pontuada pela atuação de Renato Kehl. Mas é possível afirmar que muito antes dele, o racismo e a teoria degeneracionista já faziam sucesso entre intelectuais e médicos brasileiros. Essas teorias foram trazidas ao país pelas viagens dos filhos da elite republicana à Europa e pelas expedições cientificas que vieram ao Brasil, das quais participavam cientistas, antropólogos e intelectuais europeus. Tais teorias justificavam a impossibilidade de progresso do Brasil, dos países tropicais e da África, dada tamanha promiscuidade racial de seus povos. Incentivadas inicialmente por D. João VI após a transferência da Família Real para o Brasil em 1822, essas expedições tinham o intuito de inserir o Brasil no cenário científico internacional, devido à diversidade natural e à abundância de dados para o estudo da

Os viajantes retratavam o Brasil como um território exótico e promíscuo racialmente. Na imagem do viajante Jean-Baptiste Debret, escravos vendem quitutes aos "homens livres" nas ruas do Rio de Janeiro.

zoologia e da botânica. Diferentes expedições traziam alemães, franceses, ingleses e norte-americanos para registrar a natureza tropical. Mas foi durante o II Reinado (1831-1888), período regido por D. Pedro II, que o Brasil tornou-se o lugar dos homens de ciência. O "rei mecenas", além de participar da cena política, ficou conhecido por travar correspondência com muitos intelectuais europeus, tendo contribuído para o desenvolvimento das artes e das ciências. O Brasil, repleto de instituições científicas tais como o Instituto Histórico e Geográfico Brasileiro, o Jardim Botânico, os museus Nacional (RJ), Paulista (SP) e o Emilio Goeldi (PA), além das faculdades de Direito e Medicina, apresenta-se como um grande laboratório de pesquisas sobre a diversidade, a natureza da fauna, da flora e do homem. Inevitáveis eram os relatos de viajantes sobre a composição étnica diversificada. A miscigenação era a grande vilã, contrária ao progresso dos países do Novo Mundo e exorcizada pelos europeus.

Gustave Le Bon, Arthur de Gobineau e Louis Agassiz foram alguns dos viajantes que descreveram a situação promíscua em que viviam negros e mestiços, que se ocupavam da vadiagem; e como observou, em *Retrato em branco e negro*, a historiadora Lilia Moritz Schwarcz, "para esses homens de ciência, nossa terra produziu tais 'elementos degenerados e instáveis' que por sua vez eram incapazes de acompanhar o desenvolvimento progressivo do país". Nessas análises, a mestiçagem representava o atraso, pois o progresso estava restrito à sociedades "puras". A miscigenação seria, portanto, um fator antievolutivo, subvertendo as ideias do biólogo Charles Darwin. Para eles, a hibridização resultava sempre na permanência do gene mais fraco, menos apto e na potencialização dos defeitos e imperfeições, gerações após gerações.

Munido desse olhar, Gustave Le Bon, sociólogo e psicólogo francês, defendia as teorias de superioridade racial e correlacionava as raças humanas com as espécies animais, baseando-se em critérios anatômicos como a cor da pele e o formato do crânio. Para o poligenista Le Bon, assim como para diversos cientistas da época, o mestiço era um degenerado. Não tinha as mesmas qualidades do branco, nem as do índio ou mesmo as do negro. Era um ser inferior. Os poligenistas acreditavam na ancestralidade comum da raça humana, e que em algum momento houve a separação que constituiu códigos e heranças distintos. Ao contrário, os monogenistas eram adeptos dos preceitos evolucionistas e admitiam a origem comum da espécie humana, mas ela poderia ser hierarquiza através das

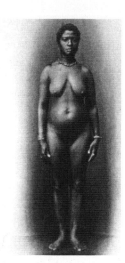

Negra de costas, de perfil e de frente. Fotografia de Augusto Stahl feita sob encomenda para Louis Agassiz – importante pesquisador da Universidade de Harvard – para seu estudo antropométrico de raças consideradas puras, quando de sua viagem ao Brasil em 1865.

distinções entre raças e povos. Ambas as interpretações baseavam-se na biologia, assumindo posturas políticas. O conde Joseph-Arthur de Gobineau considerava que o indivíduo não possuía livre-arbítrio e estava submetido às vontades e às políticas coletivas. Essa regra aplicada significava a hierarquização das raças e a segregação racial para impedir a hibridização entre tipos humanos diferentes, a fim de evitar a degeneração. O conde Gobineau esteve no Brasil em 1876, como representante diplomático da França a pedido de Napoleão III e travou um relacionamento bastante estreito com D. Pedro II, mesmo depois de voltar para a Europa. Não poupou críticas à miscigenação em seu livro *Essai sur l'inégalité des races humaines* (1853-5) e defendeu fervorosamente a superioridade da raça branca.

Mas foi o suíço-americano Louis Agassiz, professor de Geologia na Universidade de Harvard, Estados Unidos, quem melhor retratou o peso das teorias degeneracionistas em relação ao Brasil. Agassiz esteve no coração da Amazônia durante 1865-6 numa verdadeira expedição antidarwiniana. Sua principal tese era de que a mistura prejudicava a evolução das espécies defendida por Darwin e, portanto, tratou de enfatizar em sua expedição o registro das raças híbridas, dos mestiços da região do Amazonas, em cinquenta fotografias que foram usadas como parâmetro antropológico de medição. Em um de seus principais livros, *Essay on Classification* (1851), Agassiz define 12 diferentes raças humanas de acordo com a região e a zona climática. O mesmo se aplicaria para animais e plantas. Agassiz se enquadra também no rol de poligenistas em defesa da pureza da raça e da superioridade da raça branca.

Mas foi um monogenista que deu os argumentos e justificativas tanto para os defensores do degeneracionismo e críticos da mestiçagem quanto para os eugenistas interessados em melhorar e aprimorar a raça humana. O biólogo Charles Darwin fez diversas observações sobre a composição racial do Brasil, e foi bastante crítico quanto à escravidão durante sua passagem pela Bahia, por Fernando de Noronha e pelo Rio de Janeiro, na expedição naturalista à bordo do navio HMS Beagle. Em Salvador, no ano de 1832, relatou em seu diário de viagem:

> Se ao que a natureza concedeu aos Brasis o homem acrescesse seus justos e adequados esforços, de que país poderiam jactar-se seus habitantes! Mas onde a maioria está ainda em estado de escravidão e onde o sistema se mantém por todo um embargo da educação, fonte principal das ações humanas, o que se pode esperar a não ser que seja o todo poluído por sua parte?

Três décadas depois, a publicação do livro *A origem das espécies* (1859) transformaria o modo de entender a evolução das espécies animais e a seleção natural, gerando inúmeras controvérsias no interior da biologia e, com o nascimento do darwinismo social, sendo fundamental para entender a eugenia.

A constatação, por parte dos europeus, da impossibilidade de progresso do Brasil dada a sua composição racial criou na intelectualidade brasileira a necessidade de formar uma concepção sobre o Brasil. O sucesso do positivismo de Augusto Comte na Europa inspirou também muitos pensadores brasileiros. A filosofia positiva preconizava a reforma da sociedade tendo em vista seu funcionamento racional, tal qual um organismo ou uma máquina. Os republicanos abraçaram essa filosofia "racional e científica" em contraposição àquela "católica e régia" vigente durante o Império. Consolidado no dístico "Ordem e Progresso" – que até os dias atuais está estampado na bandeira brasileira –, o positivismo inaugurou a República brasileira com uma visão laica, disciplinar e anticlerical.

Para os médicos da Faculdade de Medicina de Salvador, a primeira do Brasil, em especial para o grupo conhecido como "Escola Nina Rodrigues", a miscigenação era impedimento para o desenvolvimento do país. A mistura proporcionava a loucura, a criminalidade e a doença. A Escola se inspirou nas práticas do médico-legista e antropólogo

Raimundo Nina Rodrigues, que acreditava na inferioridade racial negra, tendo debatido durante o final do século xix a construção do saber médico no país, a higiene pública, principalmente a epidemiologia e sua inter-relação com outras instituições, fossem médicas ou de direito.

Paralelamente, no Rio de Janeiro, médicos procuravam disseminar as descobertas das doenças tropicais tais como a doença de Chagas e a febre amarela, além do desenvolvimento das políticas sanitárias encabeçadas pelo Instituto de Patologia Experimental de Manguinhos (tornado Instituto Oswaldo Cruz em 1908). A experiência de 1904 deu aos sanitaristas o argumento do estado de "selvageria" em que se encontrava o povo da capital da República. A Revolta da Vacina ocorreu em protesto à vacinação compulsória contra a varíola, proposta por Oswaldo Cruz e aprovada pelo governo de reformulação urbana de Pereira Passos em novembro de 1904. Entre os dias 10 e 16 de novembro, a capital do país tornou-se um campo de guerra. Barricadas, saques e incêndios foram realizados em sinal de descontentamento à determinação do governo. Vacinar-se era visto como violação. Mesmo com tanta revolta, para os médicos e sanitaristas uma coisa era certa: a emergência em curar um país enfermo. Para tornar o Estado saudável, seria necessário extirpar todos os resquícios de nossa miscigenação. Civilizar nossa herança indígena, roubada pelos portugueses, e branquear nossa herança negra, desprezada após a abolição da escravidão, em 1888.

PRIMEIRA FASE: EUGENIA POSITIVA E SANITARISMO

Os eugenistas surgiram no efervescer desses conflitos e tinham propostas e soluções para curar o Brasil. Muitos eram os caminhos dessa limpeza: o branqueamento pelo cruzamento, o controle de imigração, a regulação dos casamentos, o segregacionismo e a esterilização. É importante ressaltar que a eugenia abraçou todas essas correntes. Renato Kehl, por exemplo, alinhava-se à corrente mais radical do movimento, e nos deteremos em seu caso no capítulo final. É muito comum ouvir afirmações de que o eugenismo foi uma corrente de pensamento do início do século xx surgida com as correntes sanitaristas e higienistas, que muitas vezes dialogam entre si. Para muitos, afirmar que esse ou aquele pensador era eugenista poderá soar como ofensa. Mas é importante ressaltar que muitos intelectuais brasileiros foram adeptos do eugenismo, e há documentos que comprovam tal afirmação. Ser eugenista não é uma condenação, mas sim a constatação de que muitos intelectuais do período compartilhavam e defendiam essas ideias. Omitir tais informações é preterir o passado. Portanto, esse capítulo tem por objetivo principal mostrar algumas dessas personalidades, traçando um panorama da eugenia no Brasil.

Todas as biografias aqui citadas, de membros pertencentes às sociedades eugênicas, que em sua época publicaram artigos e travaram relações epistolares com Renato Kehl, não registraram em suas histórias oficiais a participação e o comprometimento com a causa eugênica, seja em conferências, trabalhos ou publicações. Não me refiro aqui às obras produzidas no interior das universidades, que se esforçam para recuperar parte desse passado. Era o caso de perguntar: trataram os participantes e simpatizantes do eugenismo de apagar os resquícios de sua participação e "limpar" de sua biografia e da história essa passagem? Roquette-Pinto, Oliveira Vianna, Fernando Azevedo, Vieira de Carvalho, Monteiro Lobato. O que aconteceu com suas biografias? Fica a impressão de que Renato Kehl foi deixado sozinho, como se ele fosse o único responsável pela eugenia no Brasil. Houve muito investimento e dedicação por parte da intelectualidade brasileira para a formação desse campo de saber. Articulados por todo o país, esses intelectuais tinham como foco norteador a figura de Renato Kehl. Interessante é pensar de que maneira, após mais de setenta anos da plena divulgação da eugenia, não encontramos tal participação na biografia desses adeptos e investidores, o que nos abre um caminho de análise bastante interessante, já que questiona o próprio papel dos historiadores e seu comprometimento com a ética nas análises e abordagens de determinados temas. Por isso o interesse em enfatizar essas relações e apurar a rede de poderes que compôs a empreitada pela eugenia no Brasil.

Desde muito cedo o termo "eugenia" circula pela área médica dando respaldo à política republicana. O médico toxicologista Agostinho José de Souza Lima, em 1897, numa conferência intitulada Exame Pré-nupcial, na Academia Nacional de Medicina (RJ), da qual era presidente, pregou a eugenia da nacionalidade. Propôs uma lei para tornar obrigatório o exame pré-nupcial e reclamando o impedimento legal para os casamentos de tuberculosos e sifilíticos. Uma vez aprovada, esses doentes estariam impedidos de se casar e ter filhos. Renato Kehl criticou anos depois a morosidade da justiça e a falta de visão de advogados e legisladores em implantar tal proposta, ao escrever no livro *A cura da fealdade*:

[...] as leis são geralmente elaboradas por advogados, sem que haja interferência médica, daí a grande lacuna do nosso Código Civil, no que diz respeito à proteção da família contra as doenças transmissíveis por contágio ou herança [...]. Mas o legislador brasileiro, aferrado ainda ao dogmatismo jurídico mal compreendido, recusou-se a satisfazer a essa aspiração nacional, talvez levado pelo receio de cercear a decantada liberdade individual.

A ambição da medicina em interferir na constituição das leis brasileiras faz parte do processo de medicalização da sociedade, tal como conceituou Roberto Machado, no livro *Danação da norma*. A partir da primeira década do século XX, a comunidade médica reclama autoridade para, juntamente com advogados, reivindicar e legislar em prol da saúde pública, a fim de controlar epidemias e os espaços insalubres nas cidades. É certo que esse relacionamento controvertido já existia no século anterior, mas as políticas públicas serão desenvolvidas e implantadas a partir do século XX.

Isso não significa que a aliança entre essas duas categorias de profissionais – advogados e médicos – fosse sempre harmoniosa. Muitos debates serão travados entre eles, principalmente para definir quais seriam os limites da autoridade médica diante da sociedade, onde e como ela deveria interceder e intervir. Isso porque na ótica médica, advogados eram instrumentos legislativos para aplicação dos diagnósticos feitos pelos médicos. Caberia a eles elaborar e fiscalizar a implantação das leis de cura social. Ao contrário, legisladores e advogados acreditavam que o médico era um técnico que os auxiliaria na boa aplicação das leis sanitárias.

Não somente em São Paulo, como também no Rio de Janeiro, médicos sanitaristas estavam engajados em resolver os surtos epidêmicos que assolavam as cidades. Oswaldo Cruz, Emílio Ribas, Carlos Chagas, Vital Brasil, Belisário Penna e Arthur Neiva estiveram à frente de instituições que proclamavam as novas regras de higiene inspecionando os espaços públicos e privados.

Em 1912 Arthur Neiva e Belisário Penna lideraram a expedição médico-científica ao nordeste brasileiro – Bahia, Pernambuco, Piauí e Goiás –, que percorreu mais de sete mil quilômetros. Esse trabalho realizado a serviço da Inspeção de Obras contra a Seca e ligado ao Instituto Oswaldo Cruz tinha como finalidade diagnosticar a situação epidemiológica da região para o desenvolvimento de

O sanitarista Belisário Penna discursa em reunião da
Liga Pró-saneamento do Brasil, em 11 de fevereiro de 1920.
Sogro de Renato Kehl, esteve alinhado com ideais eugenistas.

medidas profiláticas. Os objetivos iniciais da expedição serão superados quando os relatórios questionam os determinismos raciais e climáticos até então tidos como regra nas análises sobre população. A expedição mostra que o Brasil está "doente" e muitas das futuras ideias de saúde, saneamento e limpeza se desdobrarão a partir da publicação, em 1916, do relatório dessa viagem. O texto alcançou tanta repercussão que muitos intelectuais envolvem-se nas questões relativas à saúde, a partir de então. Nesse mesmo ano, num discurso em saudação a Aloysio de Castro, o médico Miguel Pereira declara: "O Brasil é um imenso hospital".[1]

Desde a primeira iniciativa de Souza Lima até o início da campanha pela eugenia liderada por Renato Kehl, em 1917, foram publicados alguns textos que tinham como tema central a eugenia.[2] Entre eles destacam-se os trabalhos do filólogo João Ribeiro, que em 1914 consolida gramaticalmente o termo "eugenia", no lugar de "eugênica", e o médico Alexandre Tepedino, discípulo do também médico e eugenista Miguel Couto, que apresentou sua tese na Faculdade de Medicina do Rio de Janeiro com o nome *Eugenia*.

Renato Kehl utilizará o termo "eugenia" pela primeira vez em 13 de abril de 1917, durante uma conferência feita a convite de dois norte-americanos na Associação Cristã de Moços de São Paulo, intitulada também Eugenia. Nas palavras de Kehl em *A cura da fealdade*: "A definição é curta, os seus fins é que são imensos; é a ciência do aperfeiçoamento moral e físico da espécie humana." E completa com ressalvas: "É a ciência da boa geração. Ela não visa, como parecerá a muitos, unicamente proteger a humanidade do cogumelar de gentes feias".

Na conferência de 1917, Kehl discorre sobre a "nova ciência" de Galton e os benefícios que a eugenia pode trazer à sociedade. Estava assim inaugurada a empreitada pela eugenia no Brasil. Em meio às notícias dos horrores e das mutilações daqueles que retornavam dos campos de batalha da Primeira Guerra Mundial, a eugenia seria uma maneira de regenerar as nacionalidades e esse era o momento ideal para o Brasil, único país latino-americano a participar do conflito. A conferência trata desse tema e Renato Kehl observa:

> A campanha eugênica é oportuna neste momento em que no Brasil se despertam as forças regeneradoras. Também o é, pelas lições que se podem tirar do terrível fator disgênico que é a guerra, esse flagelo ceifador de vidas preciosas.

A guerra, portanto, era um fator degenerativo. Era necessário aproveitar o momento de cuidar da higiene da raça para a "grandeza da nacionalidade". No entanto, na Europa e nos Estados Unidos, a eugenia visará à regeneração das massas e à criação de exércitos mais capacitados, pois a guerra gerou um imenso derramamento de sangue.

No Brasil, o regime republicano amplia essa discussão, pois para boa parte dos eugenistas brasileiros, o país era ainda uma nação sem "povo". O ideal de uma República embasada na igualdade e na democracia criou a necessidade de formalizar e gerar novos campos de saber, para a produção de corpos constituintes de um povo homogêneo, tipicamente brasileiro. Mas que tipo de povo brasileiro queriam os republicanos? Já naquele período soava contraditório pensar numa homogeneidade no Brasil, tendo em vista os grandes fluxos migratórios ocorridos no país desde a chegada dos primeiros europeus no final do século xix. Mais do que isso, tratava-se de ver o povo brasileiro como população biologicamente constituída e, por isso, saudável. Esses ideais eram proclamados por eugenistas como um meio, entre outros tantos, de "criar um novo tempo", estabelecendo entre os séculos XIX e XX uma diferença radical – não transformada de modo radical, mas de maneira lenta e crescente. Em tom profético estava proclamada, por Renato Kehl, na conferência de 13 de abril de 1917 publicada nos *Annaes de Eugenia*, a emergência de uma nova era pautada na saúde e na vitória da vida sobre a morte:

> Aos dias de tempestade, seguem-se felizmente dias de bonança, o que nos dá a esperança de que o século vinte, que iniciou sob os domínios da morte, seja denominado – o século da vida, tal qual o dezenove o foi da luz. Da liberdade e da saúde serão os anos vindouros.

Esse ideário pertence ao que Michel Foucault[3] chamou de biopoder. Constituído no final do século XIX e impulsionado pelo desenvolvimento do capitalismo, o biopoder garantiu a manutenção das relações de produção e o crescimento da economia. Os investimentos sobre a vida e a morte significavam o direito de "causar a vida ou devolver à morte". Tratava-se de um investimento direto no corpo do indivíduo através de estratégias para extrair e desviar a potência de cada um para instituições de poder como a família, a escola, a polícia, a medicina, entre outras tantas. Em suma, de tornar a vida objeto essencial do poder e, por conseguinte, o corpo um dos principais alvos de seus investimentos.

O entusiasmo generalizado a partir da conferência feita por Kehl impulsionou a fundação da Sociedade Eugênica de São Paulo (Sesp), que contou com a participação não somente de médicos, como também de membros de diversos setores da sociedade interessados em discutir a nacionalidade a partir de questões biológicas e sociais. Datada de 15 de janeiro de 1918, a Sociedade foi fundada no Salão Nobre da Santa Casa de Misericórdia, onde aconteciam as sessões da Sociedade de Medicina e Cirurgia. Contou com cerca de 140 associados, um grande número para a época. Era a primeira associação do tipo na América Latina e foi fundada apenas dez anos após a equivalente sociedade britânica e seis anos após a francesa, o que sugere o quão atualizados estavam os médicos brasileiros em relação aos europeus.[4] No ano seguinte, a Argentina teria a Sociedade Eugênica Argentina (Buenos Aires), sob a iniciativa de Victor Delfino, e no Peru a Sociedade Eugênica do Peru (Lima), liderada pelo médico e escritor Paz Soldan, o que também sugere o pioneirismo brasileiro em relação à América Latina.

Os diretores da Sesp eram: Arnaldo Vieira de Carvalho (presidente); Olegário de Moura (vice-presidente); Renato Kehl (secretário geral); T. H. de Alvarenga e Xavier da Silveira (segundos secretários); Argemiro Siqueira (tesoureiro arquivista); Arthur Neiva, Franco da Rocha e Rubião Meira (conselho consultivo). É importante destacar algumas biografias desses diretores. Arnaldo Vieira de Carvalho (1867-1920) nasceu em Campinas, interior do estado de São Paulo, e se tornou médico pela Faculdade de Medicina do Rio de Janeiro em 1889. Fundou e dirigiu o Instituto Vacinogênico de São Paulo, que em 1925 foi incorporado ao Instituto Butantã. Trabalhou no corpo clínico da Santa Casa de Misericórdia, a partir de 1897, e foi um dos fundadores da Faculdade de Medicina de São Paulo. Dirigiu-a entre 1913 e 1920, ano em que faleceu. Fernando de Azevedo (1894-1974), crítico literário do interior de Minas Gerais, chegou a São Paulo em 1917, colaborando com o jornal *O Estado de S. Paulo*. Tornou-se um dos maiores educadores brasileiros e ajudou a fundar a Universidade de São Paulo. Arthur Neiva (1880-1943) era médico sanitarista e ficou famoso por viajar pelo nordeste brasileiro, em 1912, na companhia do também médico sanitarista Belisário Penna, tendo publicado em 1916 os resultados dessa viagem exploratória em saneamento do Brasil, que mostrou as condições de vida nos sertões brasileiros. É considerado um dos fundadores do sanitarismo no Brasil. Francisco Franco da Rocha (1864-1933) foi o médico fundador do Hospital Psiquiátrico do Juqueri, em São Paulo, e o primeiro professor de Clínica Neuropsiquiátrica da Faculdade de Medicina de São Paulo. Na aula inaugural, em 1919, versou sobre a "Doutrina de Freud" e obteve espaço para publicar artigos no jornal *O Estado de S. Paulo*.

Esse retrospecto biográfico é importante para entender a dimensão da rede de relações que se formou, à medida que avançavam os debates em defesa da eugenia. Dessa forma, é possível também ter claro que não se tratou de uma iniciativa isolada de Renato Kehl.

A imprensa comemorou a fundação da Sesp. Diversos periódicos destacaram o evento e publicaram parte das reuniões realizadas. Muitas dessas notas ou matérias vinham acompanhadas de pronunciamentos dos associados, outras traziam notas laudatórias. O jornal *O Estado de S. Paulo* foi explícito, na edição de 27 de junho de 1919:

É digno de nota o que se passou ontem na Sociedade Eugênica de São Paulo. Devia entrar em discussão uma das questões mais apaixonadas e mais debatidas de que temos notícia em São Paulo, nestes últimos tempos: a consanguinidade e o casamento. [...] Uns e outros sustentando os respectivos pontos de vista discutiram o assunto sem paixão e sem intolerâncias, mas com calma, com serenidade, com vontade de acertar. [...] foi uma noite memorável a de ontem.

Deve-se destaque para o fato de que a consanguinidade, no casamento entre indivíduos de uma mesma família, era criticada por boa parte dos eugenistas, em função das doenças hereditárias e de sua implicação genética. Não há uma justificativa de natureza moral para o impedimento dessas uniões.

Os temas médicos eram comuns no cotidiano dos paulistas e ganhavam mais e mais destaque nas páginas dos jornais. Temas de interesse geral também eram discutidos pela Sesp e, além disso, seus "cientistas" tinham "vontade de acertar", para ajudar no bom desenvolvimento da sociedade. A partir de então, constata-se a consolidação do campo de saber eugênico na esfera pública. Sua institucionalização ocorrera de fato. A imprensa noticiou, elogiou e registrou a formação dessa área de saber, e acompanhou a discussão sobre os problemas nacionais acerca da composição racial da população brasileira.

Sabe-se que é de grande importância a adesão da imprensa, pois os maiores representantes da comunidade médica publicavam nos jornais de grande circulação (*Jornal do Commercio, O Estado de S. Paulo, Correio Paulistano* etc.). Esses artigos eram lidos pela elite em diferentes setores da sociedade com imensa repercussão e credibilidade. Cogita-se que o jornal *O Estado de S. Paulo* sofria de um certo "beneficiamento de informação" no que diz respeito à Sociedade Eugênica de São Paulo devido à relação de parentesco entre Vieira de Carvalho e Júlio de Mesquita. As famílias Mesquita e Vieira de Carvalho estavam unidas por três casamentos. Conterrâneos de Campinas, Júlio de Mesquita (1862-1927) e Arnaldo Vieira de Carvalho casaram seus filhos: Julio de Mesquita Filho (1892-1963) e Marina Vieira de Carvalho; Francisco Ferreira de Mesquita (1897-1963) e Alice Vieira de Carvalho (1901-1992) e, finalmente, Judith de Mesquita (1897-1963) e Carlos Vieira de Carvalho (1898-1954).[5] Casamentos entre a elite paulista eram muito comuns na época e não causam estranhamento a ninguém, mas servem para nos lembrar que, inevitavelmente, assuntos de foro público e de interesse político eram discutidos e, às vezes, decididos em âmbito privado. Por esse motivo, a adesão de mais de uma centena de pessoas da elite paulistana à Sociedade Eugênica de São Paulo é tão significativa. Todos os nomes constam na Ata de Inauguração da Sociedade. Esse grupo é resultado da consolidação de uma rede de relações intensa. Isso indica que parte desse grupo já estava sensibilizada pelas questões relativas ao tema da eugenia. Antes disso, havia somente iniciativas dispersas.

A Sesp tinha por objetivo, de acordo com o estatuto bastante direto publicado nos *Annaes de Eugenia*:

> estudar as leis da hereditariedade; a regulamentação do meretrício, dos casamentos e da imigração; as técnicas de esterilização; o exame pré-nupcial; a divulgação da eugenia e o estudo e aplicação das questões relativas à influência do meio, do estado econômico, da legislação, dos costumes, do valor das gerações sucessivas e sobre aptidões físicas, intelectuais e morais.

Entre suas realizações, a maior delas foi a publicação dos *Annaes de Eugenia* – atualmente raro exemplar –, em 1919. Constam nesses *Annaes* uma série de conferências realizadas por seus associados, além de artigos, dentre os quais: "Que é a eugenia", por Renato Kehl; "O segredo de Marathona, conferência sobre athletica e eugenia" e "Meninas feias e meninas bonitas", por Fernando de Azevedo; "Moral e eugenia", por Noé de Azevedo, e "Eugenização no Brasil", por Olegário de Moura. Todas as propostas que constam nos *Annaes* dão conteúdo à ideia de eugenia na época e, apesar de suas diferenças entre si, tem em comum a aposta na intervenção direta no corpo dos indivíduos com a intenção de mudar o "corpo coletivo", tendo em vista a formação da nacionalidade brasileira. Tanto que a Sociedade Eugênica não foi a única instituição a pensar sobre o tema. Em 1918 foi fundada a Liga Pró-Saneamento do Brasil (LPSB). Belisário Penna, Carlos Chagas, Arthur Neiva, Monteiro Lobato, Miguel Pereira, Vital Brasil e Afrânio Peixoto se uniram, mais uma vez, para discutir propostas que iam desde a centralização administrativa dos serviços de saúde até a implantação de projetos na área.

Monteiro Lobato, à frente da *Revista do Brasil*, engajou-se na divulgação das atividades da LPSB e de assuntos ligados à área médica durante vários anos. Esse envolvimento marcaria todo o seu pensamento e inclusive sua produção literária. Desde o nascimento do Jeca Tatu, Lobato mostra seu interesse pelo saneamento do povo brasileiro. O conto "Urupês", publicado no jornal *O Estado de S. Paulo* em 23 de dezembro de 1914, cujo personagem principal é Jeca Tatu, tornou-se um manifesto sobre a situação "degradante" em que, aos olhos de Lobato, se encontrava o sertanejo, "este funesto parasita da terra [...] seminômade, inadaptável à civilização". O primeiro livro publicado por Monteiro Lobato foi uma coletânea de artigos publicados também em *O Estado de S. Paulo*, que trazia análises e críticas para o saneamento do Brasil. Intitulado *Problema vital* (1918), teve patrocínio da Sesp e da LPSB e foi prefaciado por Renato Kehl. Com suas afirmações ferinas, não poupava críticas à política republicana e ao estado de saúde do povo brasileiro, esbravejando: "[...] a nossa falta de energia moral e o precipitado ético da deterioração cerebral e nervosa de nosso povo inválido". O interesse de Lobato pelo saneamento do Brasil, na luta pela higienização dos sertões, e o seu vínculo com a LPSB advêm de seu

O escritor Monteiro Lobato e seu personagem Jeca Tatu
em anúncio do Ankilostomina, da farmácia de Cândido Fontoura.

estreito relacionamento com Arthur Neiva. Anos antes, em 1916, Neiva assumiu a direção do Serviço Sanitário paulista e Lobato acompanhou-o em algumas de suas viagens pelo interior do estado, o que proporcionou a Lobato um conhecimento do interior mais "científico" do que aquele que adquiriu como herdeiro da fazenda Buquira, nos arredores de Caçapava, interior de São Paulo.

De uma interpretação puramente racial dos problemas sociais, médicos e intelectuais migraram, com o passar dos anos e com o sucesso da medicalização, para uma interpretação sanitária. De inferior e inapto, o Jeca passou a vítima, a paciente esquecido por um governo omisso e irresponsável. No entanto, essa interpretação é mais sofisticada e sutil do que parece. Lobato pertenceu ao grupo que posteriormente inocentou o Jeca Tatu, mas apesar dessa migração de pensamento, sanitaristas e eugenistas acreditavam que os caracteres indesejados, por exemplo, ligados a doenças ocasionadas pela falta de higiene, podiam ser transmitidos geração após geração, tal como pensados por August Weismann.

A reorientação do Jeca – de culpado a vítima – foi consolidada quando Lobato uniu-se ao amigo farmacêutico Cândido Fontoura, em 1924. Garoto-propaganda do Biotônico, o Jeca Tatuzinho vendia a cura para todo o sertanejo do país, pobre e desnutrido. A resenha do Jeca Tatuzinho publicada na *Revista do Brasil* advertia: "Lido e relido por todas as crianças do país e aprendendo cada qual a evitar o terrível flagelo, que bela ressurreição se operaria em nosso país".[6] Profilaxia transformada em história infantil nas páginas do *Almanaque Fontoura*, Lobato virou sucesso nacional e aproveitou essa fórmula pelo resto de sua carreira como escritor-idealizador do Sítio do Pica-Pau Amarelo.

Muitas vezes confusa a diferença entre os objetivos de eugenistas e higienistas, seus discursos tinham muitas proximidades também. A ressurreição do Jeca Tatu pode ser entendida, de acordo com a época, como uma tentativa de regeneração do homem. Coelho Neto defendia a eugenia e a criação da Sesp no mesmo sentido: "realizando conferências, espalhando boletins, pregando, demonstrando, vai conseguindo realizar, ainda que lentamente, a obra filantrópica de regeneração do homem para cuidar, em seguida, do aperfeiçoamento da espécie". Luis Pereira Barreto, médico que em 1918 engrossava o coro de eugenistas paulistas, publicou:

muito temos feito em São Paulo no sentido da criação de belas galinhas, de homéricos porcos, de arquirrápidos cavalos de corridas [...], está feita a nossa eugenia bovina [...] é mais que tempo de cogitarmos o embelezamento da parte que nos toca da raça latina.[7]

Mas nem tudo era sucesso entre os eugenistas. Apesar dos depoimentos e esforços no sentido de consolidar políticas públicas, muitas iniciativas não adquiriam respaldo diante dos legisladores. Em 1920, Arnaldo Vieira de Carvalho morre e Renato Kehl muda-se para o Rio de Janeiro. As atividades da Sesp estavam encerradas, apesar de sua importância e iniciativa de vanguarda em relação à América Latina. Nas palavras de Renato Kehl em *Lições de eugenia*: "Infelizmente, a Sociedade Eugênica de São Paulo [...] mantém-se, atualmente, em estado de latência, devido à inconstância no entusiasmo que despertam as iniciativas no nosso país [...] deixou-se ficar paralisada". Teria tido alguma influência na paralisação das atividades da Sesp a mudança de Renato Kehl para o Rio de Janeiro nesse mesmo ano, por conta de seu casamento com Eunice Penna, filha de Belisário Penna? Ou será que a elite paulista não tinha um real interesse no tema, sendo a Sociedade somente um pretexto para reuniões periódicas para o debate de um tema "na moda", a eugenia? Talvez mereça ênfase o fato de Renato Kehl ser o incentivador e estimulador do debate sobre a eugenia, o que despertava o interesse de muitos membros da elite paulista, mas não o suficiente para fazê-los "tomar as rédeas" nos rumos da Sesp. Isso porque alguns dos membros da Sociedade, após mais de uma década, migraram para a Comissão Central Brasileira de Eugenia, sediada no Rio de Janeiro e dirigida por Kehl.

No Rio de Janeiro, o debate dos temas ligados à melhoria da raça e à eugenia estava nas mãos dos médicos psiquiatras. O decorrer da década de 1920, além de reforçar as diferenças entre higienistas e eugenistas, consolidou o campo da eugenia na capital da República. Em 1922, foi fundada a Liga Brasileira de Higiene Mental (LBHM) sob os auspícios do psiquiatra Gustavo Riedel, com o intuito de combater os "fatores comprometedores da higiene da raça e a vitalidade da Nação". A LBHM formou-se nos moldes das ligas psiquiátricas que já existiam no restante do mundo. Participavam da LBHM a elite da psiquiatria nacional, médicos, educadores, juristas, intelectuais em geral, empresários e políticos. Juliano Moreira, diretor do Sanatório de Saúde Mental; Miguel Couto, presidente da Faculdade Nacional de Medicina do Rio de Janeiro; Fernando Magalhães, professor de Ginecologia e Obstetrícia da Escola Médica do Rio de Janeiro; Carlos Chagas, "descobridor" da doença de Chagas e diretor do Instituto Oswaldo Cruz e do Departamento Nacional de Saúde Pública; Edgar Roquette-Pinto, diretor do Museu Nacional; e os psiquiatras Henrique Roxo e Antonio Austregésilo estavam entre os mais de 120 associados da LBHM em 1929 e, sem dúvida, representavam a elite médica e científica do Rio de Janeiro. Além de Gustavo Riedel, Ernani Lopes, presidente da LBHM a partir de 1929, e Afrânio Peixoto, pioneiro em Medicina Legal, contribuíram ativamente para a radicalização da instituição a partir de 1925, quando se iniciou a publicação dos *Archivos brasileiros de hygiene mental* e os trabalhos da LBHM passaram a ser divulgados nacionalmente pela imprensa.

É certo que a LBHM agia com os preceitos eugênicos, como afirma Luzia Castañeda, pois era preciso prevenir a sífilis, a tuberculose e o alcoolismo, fatores considerados "degenerativos" que contribuíam para o empobrecimento, a miséria e a loucura. Os psiquiatras colocavam no mesmo nível fenômenos de natureza distinta, como a miséria e a loucura. Uma nova entidade preocupada em discutir os temas da eugenia reacendeu o debate iniciado em São Paulo em 1918, além de rearticular um novo grupo de interessados. Portanto, preocupados com a "defesa da mentalidade da raça", eliminar os "vícios sociais", controlar a imigração e os casamentos, regular os métodos educacionais e principalmente executar a esterilização compulsória dos degenerados foram algumas das metas dos associados da LBHM. Com um leque de objetivos tão amplo, naturalmente os dissensos esquentavam o cotidiano da LBHM. De um lado, os mais radicais, adeptos das ações compulsórias cientificistas e, de outro, os moderados, que ancoravam seus argumentos, por exemplo, em causas religiosas para impedir a esterilização ou o exame pré-nupcial. Mas como afirma José Roberto Franco Reis em seu trabalho, se havia um consenso entre os membros da LBHM, esse estava na "crença racista do branqueamento da população",[8] crença essa possivelmente herdeira daquelas formulações europeias sobre degeneração racial do final do século XIX.

A partir da virada da década de 1920 para a década de 1930, boa parte da LBHM passou a defender abertamente a radicalização das ações "antidegenerativas". O momento histórico e a oportunidade política favoreceram a defesa de práticas como a esterilização. Nas palavras de Renato Kehl em *A cura da fealdade*: "O benemérito sr. Presidente da República prometeu tratar do assunto [eugenia]. A campanha eugênica começa a ser patrocinada pelos poderes públicos no Brasil". O presidente a quem Renato Kehl se refere é Arthur Bernardes. Essa adesão política significou também uma adesão das elites da capital, o que fortaleceu a causa eugênica no Rio de Janeiro. Na literatura, a eugenia também teria seu mais aguerrido defensor, o polêmico Monteiro Lobato.

MONTEIRO LOBATO E O FUTURO EUGENIZADO

O choque das raças ou o presidente negro é o único romance escrito por Monteiro Lobato. Publicado em 1926, no mesmo ano em que o filme de ficção *Metropolis*, de Fritz Lang, é lançado na Alemanha de Weimar. Num pequeno romance, Lobato compõe uma trama futurista, após a vitória da eugenia, implantada no início do século XX. No ano de 2228, os Estados Unidos se depararão com o problema racial mais forte de toda a sua história, a eleição do primeiro presidente negro.

No ano seguinte à publicação desse livro, Monteiro Lobato seguiria para os Estados Unidos para ocupar o cargo de adido comercial no consulado brasileiro de Nova York. Mesmo tendo sido publicado em partes no jornal *A Manhã*, foi escrito com a intenção de ganhar o mercado norte-americano e tornar-se um *best-seller*, mas o livro não obteve a repercussão esperada. Nas cartas publicadas em suas *Obras completas*, Lobato confessa sua expectativa em relação ao livro a seu cunhado Heitor de Morais: "O *Choque* já saiu em São Paulo, mas ainda não vi. Esse livro vai mudar o rumo da minha vida. O consulado americano está interessadíssimo nele. Viva o talento, Seu Heitor". O romance do pai do Jeca Tatu foi escrito com a esperança de sucesso no "estrangeiro". Mas o que ocorreu de fato foi o repúdio ao livro, devido a seu conteúdo extremamente controverso, que mostrava a crueldade dos brancos americanos diante da raça negra, inteiramente esterilizada no desfecho da história.

Mas *O choque* foi escrito também com a finalidade de divulgar a eugenia no Brasil, e não somente com o intuito de tornar-se um *best-seller* norte-americano. Dessa forma, Lobato mostra-se um autor complexo e ambíguo cuja orientação dificilmente poderá ser definida, já que, sendo fruto de seu tempo e com visão vanguardista, ora foi reacionário, ora moderno, e por vezes as duas coisas simultaneamente. Por isso, não quero questionar o cunho racista do texto, pois teríamos de relacioná-lo com toda a sua obra. Os trabalhos que analisam os textos de Lobato citam pouco *O choque*, como se o autor nunca tivesse se envolvido com a temática eugênica. O romance de Lobato aponta perspectivas para investigar suas descrições literárias em relação ao problema racial e ao sucesso da eugenia no futuro fictício de 2228. Em outras palavras, para além da questão de raça, o questionado será seu conteúdo eugenista. Sob a justificativa de contar uma história de amor entre Ayrton e Jane, interessa-nos ver a história de amor entre o futuro e a eugenia, ou entre o presente de 1926 e a eugenia como projeto de um futuro ideal. No livro, sem pudor nenhum, Lobato faz a defesa dos ideais eugênicos, como se vê em carta escrita a Renato Kehl, que atualmente pertence a uma coleção de cartas de Lobato do Fundo Renato Kehl, do Centro de Documentação da Fundação Oswaldo Cruz no Rio de Janeiro:

> Renato, Tu és o pai da eugenia no Brasil e a ti devia eu dedicar meu *Choque*, grito de guerra pró-eugenia. Vejo que errei não te pondo lá no frontispício, mas perdoai a este estropeado amigo. [...] Precisamos lançar, vulgarizar estas ideias. A humanidade precisa de uma coisa só: póda. É como a vinha. Lobato.

Apesar das desculpas dadas por Lobato, o texto foi dedicado a Arthur Neiva e a Coelho Neto, dois sanitaristas, atuantes nas políticas de saúde pública nacional, assim como na rede de relações eugenistas. Além de declarar seu texto como "grito de guerra pró-eugenia", Lobato afirma de forma veemente a necessidade de "vulgarizar estas ideias". A ficção de Lobato contém em si a junção de todos os desejos e medos de uma sociedade eugenizada. Nesse sentido, o trabalho literário é entendido como fonte investigativa, meio de pesquisa e compreensão sobre o "espírito de uma época".

Durante muitos anos houve uma necessidade de se colocar em lugares opostos a verdade e a ficção. Seja para firmar o ofício dos historiadores do século xix, com a função de relatar de maneira objetiva a realidade de um passado através de um discurso neutro, seja pela própria necessidade de conferir ao relato imaginativo ou literário um *status* de "inverossimilhança" sem quaisquer elementos históricos ou científicos, como se esses relatos, vistos como puramente poéticos, tivessem determinada autonomia em relação a seu autor e às condições de espaço-tempo, econômicas, sociais e culturais, vistas como mero reflexo.

Dessa forma, *O choque* abrirá fendas para a discussão de questões muito debatidas no início do século xx, tais como a imigração, o progresso dos povos, os avanços da ciência e da tecnologia, da estética e da beleza, assim como da civilização, evidenciando algumas facetas da vida social e política que tinham em vista a domesticação dos corpos, para torná-los mais aptos para o trabalho. Dessa forma, o texto de Lobato parte do rádio, visto como expressão da modernidade em 1926, como elemento impulsionador dos desenvolvimentos tecnológicos até o futuro de 2228, no qual se desdobra a história. Nesse futuro, a descoberta de "novas ondas, e o transporte da palavra, do som e da imagem, do perfume e das mais finas sensações tácteis". Todas as descrições sobre as descobertas tecnocientíficas são mostradas em sua positividade, desacompanhadas de críticas, como se não houvesse aspectos negativos nas descobertas científicas, tais como o uso da ciência para fins de dominação de um grupo sobre outro. Inspirados no cientificismo do século xix, os eugenistas acreditavam que a ciência era o guia de toda forma de ser e que proporcionaria a resposta a todas as perguntas feitas de maneira racional. Em outras palavras, havia a crença de que o método científico conduzia à certeza das coisas.

Com base nessas informações, pode-se dizer que Lobato construiu sua *Cidade do Sol*, tal como o livro do filósofo italiano Tommaso Campanella. Como escreveu Alceu Amoroso Lima no prefácio da edição brasileira do texto de Campanella, *O choque* é também a melhor das indicações do que não deve ser uma sociedade bem organizada.[9] Por isso, a leitura do livro deve ser feita pelo avesso, para fazer, em geral, o oposto do que ele recomenda. Existem outras obras clássicas que tentaram construir uma sociedade ideal. Thomas Morus, em *Utopia*, e Francis Bacon (1561-1626), em *Nova Atlântida*, além do clássico A *República*, de Platão (429-347 a.C.).

O texto de Lobato pode também ser comparado aos livros de inspiração futurista imortalizados pela literatura mundial do século xx, posteriores a *O choque*, entre os quais: *1984*, de George Orwell, e *Admirável Mundo Novo*, de Aldous Huxley. Esses últimos expõem os riscos dos abusos sociais que podem ser impostos à humanidade sob a égide de teorias totalitárias e homogeneizantes.

Entre tantos nomes, o impulso literário de Lobato em escrever uma obra que projete a sociedade para o futuro acaba por constituir um determinado tipo de utopismo, já que essa sociedade imaginária não tem conflitos sociais e tudo se reduz aos problemas raciais e eugênicos. Os sistemas utópicos são sempre fechados, exigindo uma universalidade de projetos e ideais. Por exemplo, quando se almeja a felicidade de todos, ela só pode ser implementada por um discurso totalitário. Nesse caso, a felicidade tende a ser homogeneizada entre indivíduos com desejos distintos, solapando as singularidades que os constituem.

Da mesma forma, a construção literária de uma sociedade utópica indica um desejo contundente por ações "fascistizantes" na vida cotidiana de mulheres e homens. Para isso, mais do que a disciplinarização dos corpos, é necessária a docilização das mentes, e nisso pode-se ler uma referência à intelectualidade formadora de opinião, que nas primeiras décadas do século xx escrevia nas colunas dos jornais e revistas disseminando "novos modos de viver", inspirando-se na burguesia europeia, com a intenção de regular os "outros modos de vida" das classes mais pobres. Lima Barreto expressou de maneira mordaz a atuação decisiva da imprensa em seu livro *Recordações do escrivão Isaías Caminha* (1909), "onipotente imprensa, o quarto poder fora da Constituição".

Segundo a ficção de Lobato, o princípio da eficiência "resolverá todos os problemas materiais dos americanos, como o eugenismo resolverá todos os problemas morais". Para Lobato, a eugenia e a eficiência seriam as chaves para solucionar os males da humanidade. Esse princípio da eficiência, na prática, serve para a organização racional do trabalho, já que numa sociedade eugenizada, todos, sem exceção, são produtivos. No ano de 2228 os "três pesos mortos" responsáveis pelos males do mundo que sobrecarregavam a sociedade haviam sido eliminados: o vadio, o doente e o pobre. Em vez de combatê-los com o castigo, o remédio e a esmola, adotaram-se três medidas distintas, respectivamente: a eugenia, a higiene e a eficiência. Na ficção, Lobato reafirma: "era o fim da carga inútil, do parasitismo, mas sempre sob o sistema representativo".

Pode-se observar em *O choque*, do mesmo modo como identificamos nos textos de Renato Kehl e de outros eugenistas, que a preocupação da eugenia não estava restrita somente à raça, mas também à moral. Controlar os casamentos dos aptos, evitar a procriação dos "vadios", através da esterilização, era um caminho a ser seguido. Mesmo porque, em 2228, a Lei Espartana era aplicada para ambas as raças, a branca e a negra. No entanto, Lobato recupera o problema racial, mostrando que a eugenia não se ocupou como deveria do problema até que as populações negra e branca se equipararam em número, ameaçando a "estabilidade ariana". É justamente nesse momento que Jim Roy, o presidente negro, é eleito.

Lobato debruça-se com afinco para montar o panorama político futurista, delimitando fisicamente os perfis de cada um dos três grupos políticos em cena na trama: os negros, as mulheres e os homens brancos. Pensar essa sociedade descrita por Monteiro Lobato em *O choque* é, de certo modo, pensar uma sociedade hierarquizada, limpa, forte, bela e saudável, e com uma base política de sustentação altamente científica. Nessa sociedade não há lugar para o povo nem para a história entendida de forma cíclica e processual. Não há uma só vez em quase duzentas páginas de texto em que Lobato faça uma só referência ao povo, exceto quando esse é visto como massa, como conglomerado de consumidores de jornal, moda, viagens. Nunca são vistos enquanto sociedade, enquanto conjunto heterogêneo de potencialidades singulares e como agentes sociais. Lobato somente abriu espaço para mostrar industriais, artistas, escritores e líderes políticos, além de cientistas, é claro. Após tantas descrições minuciosas, a descrição de povo deixou a desejar. O povo como é mostrado por Lobato representa nada mais nada menos do que a matéria-prima para a consolidação da eficiência. Seria o "fim da história" mencionado por Fukuyama,[10] não fosse a potência inventiva do negro Jim Roy, que transformou os rumos de uma elite que via a mudança como ameaça, por se tratar inevitavelmente de alternância de poder. Mas é importante lembrar que Jim Roy era também um membro "eugenizado". Era um líder convicto que tratava seus seguidores também como autômatos. Apesar disso, Jim cumpriu seu dever de líder. Defender e libertar seu povo submetido durante vários séculos à escravidão e à opressão. Um presidente negro fora eleito. Por causa do automatismo de seus seguidores, toda a raça do presidente eleito fora extinta, esterilizada em segredo através de cosméticos, criados pelos brancos, que alisavam os cabelos crespos. O orgulho da raça branca impediu a posse de Jim Roy. Nesse plano venal executado sem segredo entre homens e mulheres da raça branca se resgata a perversidade com que se tratam sempre questões relativas aos mais desfavorecidos ao longo da história. A ficção de Lobato serve para nos lembrar dos perigos e sucessos da ciência, mas também para refletir sobre que tipo de sociedade construímos através de ações no presente.

A constatação de uma relação tão estreita entre Monteiro Lobato, Renato Kehl e a eugenia foi surpreendente, na medida em que havia o fato de que cada um prefaciou o livro do outro. Renato Kehl prefaciou, em 1919, *Problema vital*. Em contrapartida, Monteiro Lobato prefaciou, em 1938, *Bioperspectivas*, de Renato Kehl. Mas, além disso, Lobato e Kehl trocaram correspondências durante vários anos, estabelecendo uma relação profissional e de amizade. A primeira carta recebida de Monteiro Lobato data de 5 de abril de 1918, quando em resposta à carta de Kehl, Lobato autorizava a publicação de seus artigos para o livro *Problema vital*. Nessa carta, além de agradecer pelo envio da conferência feita por Kehl na Associação Cristã de Moços, Lobato elogia-o com as seguintes palavras:

> Confesso-me envergonhado por só agora travar conhecimento com um espírito tão brilhante como o seu, voltado para tão nobres ideais e servido, na expressão do pensamento, por um estilo verdadeiramente "eugênico", pela clareza, equilíbrio e rigor vernacular.

Essa carta é o primeiro aceno de uma relação que duraria mais de três décadas. No Fundo Renato Kehl, do Centro de Documentação da Fundação Oswaldo Cruz (RJ), estão 16 cartas de Monteiro Lobato endereçadas ao eugenista Renato Kehl. A última delas tem data de 19 de novembro de 1946, ou seja, dois anos antes do falecimento de Lobato. O estimulador das relações epistolares é Renato Kehl. Mas devem ter havido encontros pessoais entre os dois, que não se restringiram às epístolas. Particularmente, entre os anos de 1922/1923, existem muitas cartas entre eles. O conteúdo circulava em torno da publicação de um livro de Kehl que seria editado e publicado pela

Cia. Graphico Editora Monteiro Lobato, em 1923. O livro? *A cura da fealdade*. Apesar do otimismo, a receptividade do livro não foi como se esperava. Lobato, o editor, com ótimo senso de humor, escreveu:

> *A Cura da Fealdade* vai ter uma formidável saída [...]. Todos os feios, inclusive eu, vão comprar o livro para ver se aumentam o focinho. Mas se não lhes ensinar um meio prático de embelezar instantaneamente, lincham-te, na certa!

Na carta seguinte, Lobato, desenvolvendo seu talento de editor, explica a Kehl o que está acontecendo com a má venda do livro, que não teve o retorno esperado: "Vendeu 10.000? Tu não conheces o país em que vives, Renato... Isto é menos que África."

A partir de 1929, percebe-se um Lobato mais voraz e crítico nas suas opiniões a respeito do Brasil. Sempre ligado ao pensamento eugênico, que é o elo entre esses dois intelectuais, o inconformismo de Lobato em relação a seu país é evidente, principalmente porque está falando como alguém que vê o Brasil de fora, pois na época morava nos Estados Unidos eugenizado e industrial de Henry Ford. A desilusão de Lobato com o Brasil, e principalmente com os críticos formadores de opinião, indica que a intelectualidade brasileira, em vez de preocupar-se em melhorar o país, vive no "esnobismo". Para o adido comercial do Brasil em Nova York, o Brasil tem um destino trágico que será a "miséria econômica, física, biológica e moral da nossa gente". Numa assertiva que enaltece Kehl, mas mostra um Lobato indignado com os rumos do Brasil, e principalmente com as elites, pede segredo diante de suas perigosas declarações de 9 de outubro de 1929: "Rasgue esta incontinenti, meu caro, antes que alguém meta o nariz nela. Tudo que te digo é estritamente confidencial e só pode ser dito a um espírito superior como o teu".

Mas o dado interessante é revelado por Lobato em outras duas correspondências para Kehl. De usar a literatura, seja ela na forma de ficção ou de ciência, que pode dizer indiretamente o que não se pode dizer às claras. Nas palavras de Lobato em setembro de 1930: "é um processo indireto de fazer eugenia, e os processos indiretos, no Brasil, 'work' muito mais eficientemente". Afirmações como essa demonstram a inclinação da eugenia não somente para o saneamento racial, pregado pelas teorias de branqueamento, mas também para uma regeneração moral, que extrapola a condição racial do indivíduo, e a "força do exemplo", que deve ser pregada pelas classes cultas. Ou seja, para uma eugenização efetiva do povo brasileiro, não se deve extirpar da sociedade somente aqueles maus elementos, portadores de "doenças sociais", como o alcoólatra, o sifilítico, o tuberculoso, o vadio, a prostituta, e as deformidades congênitas da classe pobre, negra e mestiçada, mas curar os "desvios de caráter" que habitavam também as classes abastadas e impediam o bom desenvolvimento de políticas públicas objetivas que contribuíssem para o progresso do Brasil. Monteiro Lobato foi fiel a suas ideias e, mesmo que se conteste, caminhou de mãos dadas com os eugenistas no final da década de 1920, período de radicalização do movimento.

SEGUNDA FASE: A RADICALIZAÇÃO DA EUGENIA

O ano de 1929 será bastante agitado para os adeptos da eugenia. Renato Kehl lança o *Boletim de eugenia*, que teve sua primeira edição em janeiro, atuando em favor da "cruzada eugênica". Após mais de uma década do início da jornada de Renato Kehl, o *Boletim* travava correspondências com estudiosos da eugenia em todo o mundo, além de outras partes do Brasil. O *Boletim de eugenia* estava filiado à LBHM e seguia divulgando as atividades dessa entidade e de seus participantes. Com tiragem inicial de mil exemplares, passou a circular a partir de julho de 1929 como suplemento da revista médica *Medicamenta*, ampliando a divulgação da eugenia não somente no meio médico, como também entre políticos, advogados e professores. De acordo com Renato Kehl, o propósito do *Boletim* era "auxiliar a campanha em prol da Eugenia entre os elementos cultos e entre os elementos que, embora medianos em cultura, desejem também orientar-se sobre o momentoso assunto". Lílian Denise Mai,[11] em sua intensa pesquisa no *Boletim de eugenia*, verificou que a cada edição do periódico, a elite intelectual brasileira era convocada a assumir a responsabilidade da administração pública munida dos preceitos eugênicos.

O *Boletim* trazia mensalmente uma profusão de artigos e notas cujas fontes eram as mais diversas. Com tom erudito, boa parte do material publicado se referia a notícias, comentários e eventos ligados à eugenia em outros países e no idioma original. Além do Brasil, Espanha, França, Itália, Inglaterra e principalmente Alemanha e

Estados Unidos estavam representados, assim como suas instituições. Seis meses depois de o *Boletim* começar a circular realizou-se o Primeiro Congresso Brasileiro de Eugenia (CBE), entre os dias 1º e 7 de julho de 1929. Realizado a pedido de Miguel Couto, presidente da Nacional Academia de Medicina; em comemoração ao centenário da casa, o Congresso reuniu mais de duzentos inscritos entre professores, médicos, biólogos, psiquiatras, jornalistas, escritores, deputados e representantes de instituições públicas de saúde ou não. Delegados vindos da Argentina, do Peru, do Chile e do Paraguai estavam presentes. Durante essa semana foram realizados outros quatro eventos da área simultaneamente. A 4ª Conferência Pan-americana de Hygiene, Microbiologia e Pathologia, o 2º Congresso Pan-americano de Tuberculose, o 10º Congresso Brasileiro de Medicina e o 1º Centenário da Academia Nacional de Medicina. Todos eles foram realizados no Rio de Janeiro, com sessões na Academia Nacional de Medicina e no Instituto dos Advogados.

O CBE estava dividido em três sessões: "Antropologia", "Genética" e "Educação e Legislação", essa última a mais concorrida e polêmica, uma vez que somente as atas de reunião desse grupo foram publicadas na íntegra, de acordo com as *Actas de Trabalho* do CBE. Evidencia-se uma hierarquia no interior do Congresso, uma vez que as discussões sobre legislação eram mais valiosas do que as questões de genética e de antropologia. Isso sugere o interesse dos participantes do CBE na disputa pela formulação de leis entre médicos e advogados em favor da eugenia.

O 1º Congresso Brasileiro de Eugenia sempre esteve envolto em polêmicas de diversas naturezas. De qualquer modo, o CBE representou uma ofensiva pública e direta em defesa da causa eugenista como nunca antes. Seu objetivo principal era definir através de consensos quais seriam as propostas para políticas públicas para o governo que se iniciaria no ano seguinte, mesmo com a crise política que resultaria na Revolução de 1930 e na ascensão de Getúlio Vargas ao poder. Controle de casamentos pelo exame pré-nupcial, educação eugênica, proteção à nacionalidade, imigração, doenças mentais e educação sexual foram alguns dos temas debatidos durante o CBE. No entanto, poucas foram as resoluções de consenso. Um dos pontos consensuais era relativo à política de imigração restritiva, principalmente asiática, baseada em exames prévios de saúde. Sempre com a presença de intelectuais, as discussões eram acaloradas. À frente de um dos debates mais intensos estava o presidente do Congresso, Edgar Roquette-Pinto, médico e diretor do Museu Nacional. Participou da Missão Rondon pelo noroeste do Mato Grosso e foi o pioneiro da radiofonia no país. Foi também diretor do Instituto Nacional do Cinema Educativo. De orientação mendeliana, Roquette-Pinto estava alinhado, assim como Gilberto Freyre, com o culturalismo do antropólogo norte-americano Franz Boas (1858-1942) desde 1926, quando esteve em contato com esse pesquisador em Nova York. Contrário à segregação, Roquette-Pinto era favorável à miscigenação, acreditando ser normal e saudável. Adepto da eugenia positiva, profilática e não radical, a solução para o problema nacional era higiene e não a raça. Na seção inaugural, Roquette-Pinto faz a distinção entre higiene e eugenia, enfatizando a complementaridade das duas disciplinas e seu ponto de fusão, a medicina. Ele afirma:

> [...] supôs-se que o meio dominava os organismos, portanto a Medicina e a Higiene resolveriam o problema da saúde; mas a ciência demonstrou haver alguma coisa que independe da Higiene: é a semente, a herança, que depende da Eugenia. É preciso tratar-se da semente e assim a Academia de Medicina deu um grande passo, mostrando que, ao lado da Medicina e da Higiene, há uma ciência com muitos pontos de contacto com as primeiras.[12]

Há, portanto, relação entre os pensamentos de Roquette-Pinto e Renato Kehl, principalmente quando o primeiro faz essa ressalva sobre a miscigenação registrada nas *Actas de Trabalho do Congresso*: "[...] é preciso reconhecer que os mestiços manifestam acentuada fraqueza: a emotividade exagerada, ótima condição para o surto dos estados passionais". Tal afirmação anuncia uma vertente muito difundida pelo eugenismo brasileiro que não enfatizava o problema racial. A raça era importante, mas o que interessava aos eugenistas era extirpar do corpo social os indesejáveis. Dada a miscigenação inevitável, dado o caldo étnico-cultural formado por índios, negros e imigrantes, tornou-se muito complicado colocar numa mesma categoria Renato Kehl e seus companheiros, pela ambiguidade de suas afirmações. Nas palavras de Renato Kehl em *A cura da fealdade*:

> A saúde assentar-se-á, então, sobre duas bases: a Higiene, que afastará as causas dos males e a Eugenia, que selecionará os indivíduos,

tornando-os mais sólidas unidades da raça. O problema da doença será, pois, resolvido, em um futuro não remoto, não somente pelos médicos e homens de ciência, mas pelos homens de Estado.

Entende-se então que higienistas e eugenistas partilhavam ideais semelhantes, mas não idênticos e, muitas vezes, divergentes. Há particularmente uma arrogância generalizada da classe médica na disputa pelo poder de definir ou de interferir no encaminhamento de políticas públicas. Sanitaristas, higienistas, alienistas e eugenistas, em nome da classe médica, com o máximo decoro no tratamento aos colegas mostram polidez, mesmo quando divergem entre si, e arrogância com aqueles que não pertencem à classe. Essa ideia faz sentido se pensarmos na medicalização da sociedade e no papel do médico como detentor do conhecimento necessário para organizar a vida e, por consequência, a sociedade. Portanto, do ponto de vista dos médicos, eles próprios eram os mais capacitados para orientar políticas públicas de saúde aos administradores. Contudo, à medida que essas disciplinas tornavam-se autônomas em relação à medicina (Higiene e Eugenia), tensões, polêmicas e interesses políticos distintos contribuíam para o afastamento progressivo entre essas categorias, dando origem a novos grupos de saber e poder. Um exemplo refere-se à Faculdade de Medicina de São Paulo, fundada em 1913. Diversos professores estrangeiros foram contratados para lecionar na faculdade, entre eles Alfonso Bovero, anatomista italiano; Lambert Mayer, fisiologista francês; e Samuel Darling e Wilson George Smille, higienistas norte-americanos. Como disciplina, a cadeira de Higiene foi instituída em 1918 e, em 1924, transformou-se no Instituto de Higiene, através de um convênio com a Fundação Rockfeller, tornando-se independente da Faculdade de Medicina, onde seu espaço institucional era limitado. Interessante é que toda a orientação educacional do Instituto terá influência norte-americana, diferentemente da orientação europeia dos serviços legislativos, burocráticos e médicos até então.

Logo após o início do governo provisório em 1930, por meio do qual Getúlio Vargas chegou ao poder, Renato Kehl organizou a Comissão Central Brasileira de Eugenia (CCBE) a exemplo da Comissão da Sociedade Alemã de Higiene Racial, interlocutora de Kehl na época. A formação da CCBE tinha um "quê" de familiar.

Sua esposa, Eunice Penna, ocupava o posto de secretária-geral e seu sogro, Belisário Penna, nomeado interinamente ministro da Educação e da Saúde Pública, era membro efetivo. Renato Kehl, o presidente, publicou em 1931 um pequeno artigo nos *Archivos brasileiros de hygiene mental*, chamado "A campanha da eugenia no Brasil", em que definia as condições e atribuições da Comissão:

> [...] Acompanhando o movimento mundial em torno dos problemas da regeneração eugênica do homem, mantendo, mesmo, intensa correspondência com as principais associações existentes na Europa e na América do Norte, convenci-me de que não mais era possível protelar o projeto. [...] Sou por índole avesso a reuniões associativas. [...] Julgo que não temos temperamento para deliberar, desapaixonadamente. [...] Nestas condições, combinei com alguns de nossos eugenistas e especialistas para formar uma comissão que se propusesse manter no país o interesse pelos estudos das questões da hereditariedade e eugenia, a propugnar pela difusão dos ideais de regeneração integral do homem e a prestigiar os empreendimentos científicos ou humanitários de caráter eugênico.

A formação da CCBE não previa uma localização fixa. As atividades da Comissão eram realizadas por meio de correspondências e consultas entre seus componentes, desde que se tivesse em comum a temática, "sem discursos nem banquetes". A extinção das reuniões fornece uma pista do porquê desse novo formato. No Primeiro Congresso Brasileiro de Eugenia, as sessões estavam repletas de polêmicas e, ao final, poucas foram as opiniões de consenso. Talvez por isso Kehl optara em mudar o formato e a dinâmica quando idealizou a CCBE. Renato Kehl se colocou no centro das relações quando disse que "as teses e outros assuntos levados à comissão serão remetidos aos seus membros para que opinem, por escrito, remetendo suas respostas ao presidente que, por sua vez, apurará a opinião da maioria". Ele será a autoridade, o poder, o centralizador das decisões acerca dos rumos da CCBE.

Além disso, a CCBE e Renato Kehl têm a expectativa de convencer os setores dominantes das aspirações eugenistas nacionalmente, nas palavras desse último: "espero que o nosso meio culto brasileiro compreenda". Tanto que, trinta anos depois, já na década de 1950, num texto idêntico ao anterior publicado no jornal *A Gazeta*, com pequenas reformulações, chamado "A eugenia no Brasil: registro de uma data comemorativa", Kehl comemora o aniversário da CCBE comentando seus resultados:

Realizou inquéritos sobre imigração, povoamento, natalidade; fez intensa propaganda pelo rádio e pela imprensa; apresentou à Assembleia Constituinte de 1932 um longo memorial e sugestões que forma lidas e discutidas, tendo o então deputado paulista prof. A. C. Pacheco e Silva conseguido a aprovação do art. 138b que dispunha: 'incumbe a União, aos Estados e aos Municípios, nos termos das leis respectivas estimular a educação eugênica.

POLÍTICA IMIGRATÓRIA E ESQUECIMENTO

Um dos inquéritos da CCBE foi feito em conjunto com o sociólogo e advogado, então consultor jurídico do governo, Oliveira Vianna (1883-1951), quando Renato Kehl, Miguel Couto e Roquette-Pinto foram designados pelo recém-fundado Ministério do Trabalho a pensar os problemas da imigração no Brasil a partir de 1932. Desde 1925, Juliano Moreira defendia a imigração restritiva no Brasil, inspirado pela implantação dessa lei nos Estados Unidos, no ano anterior. Nesse período, houve o declínio da imigração europeia e o incremento da imigração asiática ao Brasil, atingindo uma média de 50 mil imigrantes asiáticos no ano de 1929. Esse declínio da imigração europeia passou a preocupar os eugenistas, pois o incentivo a esse tipo de imigração após a abolição da escravidão, em 1888, significou o investimento no projeto de branqueamento racial do povo brasileiro. Mais de 1,5 milhão de imigrantes brancos entraram no país entre 1890 e 1920.

Com a entrada dos europeus, vieram também as ideias anarquistas e culturas distintas. A elite brasileira, patriota e disciplinar, apostou nesse projeto de raça e de incremento econômico às lavouras de café. Mais de setecentos mil negros escravos foram alforriados e deixados de lado, sem nenhum tipo de reconhecimento por séculos de trabalho forçado. Os imigrantes europeus não carregavam o estigma preconceituoso de que eram preguiçosos, sujos e indisciplinados tal como os negros e os mulatos. Mas esses imigrantes já conheciam o comunismo, as revoltas e o poder de reivindicação das massas, como as greves que irão acontecer em São Paulo em 1917. O perigo da multidão amotinada chegara ao Brasil.

Um dos principais objetivos dos eugenistas era conseguir aprovar uma legislação que restringisse a entrada de asiáticos no Brasil no início do século xx. Na foto, família de colonos japoneses em meio ao cafezal no interior de São Paulo.

De acordo com Renato Kehl, no livro *Lições de eugenia*, o trabalho da Comissão de Imigração era preparar um anteprojeto de regulamentação da imigração para o Código de Imigração. Mas se o presidente de tal comissão – Oliveira Vianna – partia do pressuposto de que "o japonês é como o enxofre, insolúvel", nota-se a tônica com que os debates sobre a questão imigratória foram conduzidos. Num documento escrito em papel oficial do Ministério do Trabalho, Oliveira Vianna cumprimenta Kehl, remetendo-lhe todo o material relativo à imigração e colonização, para que os membros da comissão pudessem estudar:

> Tenho a honra de enviar a V. Ex. toda a legislação nossa relativa à imigração e colonização. Como dentro em pouco nos reuniremos para o desempenho da missão que nos confiou o Sr. Ministro do Trabalho, pareceu-me que seria útil a V. Ex. ter em mãos as novas leis relativas ao assunto que iremos tratar.

O desenvolvimento de políticas públicas que controlassem a composição racial brasileira espelhava o empenho dos eugenistas e dos representantes do governo interessados na "elevação da pátria". Como afirmou Mario Pinto Serva, responsável pela elaboração do primeiro Código Eleitoral brasileiro, em 1932, e um desses "evangelizadores": "O Brasil está feito. Quando perguntamos nós, poderemos dizer, – também o brasileiro?".[13] Tal afirmação mostra o quanto o brasileiro, entendido aqui como povo, pode ser construído, manipulado e moldado, na opinião dos eugenistas. Trata-se principalmente de ver esse povo, ao mesmo tempo, como coletivo e individual, passível de manipulação.

Preservar o futuro racial do Brasil, sua unidade nacional e sua homogeneização foram algumas das principais preocupações dos eugenistas ao longo de toda a década de 1920, intensificadas no início do período Vargas. A Assembleia Constituinte (1933-1934) recebeu os resultados dos trabalhos da Comissão de Imigração, liderada por Oliveira Vianna e formada dois anos antes. Mais política do que racial, a Lei de Restrição à Imigração afetou a entrada no Brasil de asiáticos e judeus, denominados pelos eugenistas como não assimiláveis socialmente. Essa postura negativa estava de mãos dadas com a ideologia nazifascista e com as políticas imigratórias norte-americanas. Legalizada em 1934, foi retirada da Constituição após o golpe do Estado

Novo, em 1937, embora o comprometimento com a eugenia ainda fosse uma política de Estado, que só recuaria após a adesão do Brasil ao bloco dos Aliados na Segunda Guerra Mundial, em agosto de 1942.

Toda a política adotada pelo governo Vargas na década de 1930 foi direcionada em defesa do nacionalismo de inspiração nazifascista. Nesse sentido, os integralistas, por intermédio da Ação Integralista Brasileira (AIB), pregavam a radicalização das políticas nacionalistas e xenófobas, aproximando-se dos ideais eugenistas. Em agosto de 1929, pouco depois do lançamento de *Lições de eugenia*, de Renato Kehl, o integralista Gustavo Barroso, ou João do Norte, como assinava suas colunas, resenhou o livro de Kehl de modo laudatório. Jornalista, advogado, historiador e deputado federal pelo Ceará, além de dirigir a revista *Fon-Fon* e o Museu Histórico Nacional, foi eleito presidente da Academia Brasileira de Letras em 1923. Foi um ativo militante da Ação Integralista Brasileira, partido fundado por Plínio Salgado, em 1932, e tinha um perfil declaradamente antissemita. Barroso escreveu no jornal *A Ordem* que nenhum país necessitava tanto melhorar sua raça quanto o Brasil. Para ele, com "a cruzada pró-melhoramento" que o "bandeirante" Renato Kehl vinha empreendendo com a divulgação da eugenia, os brasileiros passavam a se interessar "pelos problemas vitais de toda a ordem", sobretudo o problema do melhoramento da nacionalidade. Em suas palavras, *Lições de eugenia* se resumia num "livro de patriotismo e de ciência, livro necessário, imprescindível mesmo a todos quanto queiram estudar e conhecer os nossos problemas para se abaterem pela sua solução".

Até a eclosão do conflito mundial em 1939, o Brasil mantinha uma política ambígua de aproximação da Alemanha e dos Estados Unidos. Com o enfraquecimento alemão durante o conflito, o Brasil aproxima-se dos Estados Unidos, assinando com esse país acordos de interesse nacional e rompendo definitivamente com os países do Eixo. O Tio Sam cria o Zé Carioca em 1942. Produzido pelos estúdios de Walt Disney, o filme *Alô amigos* mostrou pela primeira vez ao mundo a imagem do brasileiro malandro e cordial. Um papagaio colorido, mestiço, sedutor e com ginga embalado pelo samba e pela cachaça. A política de boa vizinhança do presidente norte-americano Franklin Roosevelt conquistará o imaginário e o dia a dia no Brasil com a possibilidade de realização do "sonho brasileiro". Em agosto de 1942, após a negociação do alinhamento brasileiro, o Brasil entra na Segunda Guerra Mundial do lado aliado. Moeda de troca: permissão para o estacionamento de tropas americanas na base militar de Natal e, em contrapartida, o financiamento para a criação da Companhia Siderúrgica Nacional e a modernização das forças armadas. A partir de então, o eugenismo estava destinado ao esquecimento, tornando-se sinônimo de intolerância e violência. Seus adeptos, no Brasil, desapareceram da cena política ou trataram de reorientar suas histórias omitindo sua participação nesse movimento. O estigma reacionário e racista ficou com Renato Kehl, fervoroso defensor da eugenia, a quem serão dedicadas as próximas páginas deste livro.

NOTAS

[1] Gilberto Hochman, "Logo ali, no final da avenida: Os Sertões redefinidos pelo movimento sanitarista da Primeira República", Revista Manguinhos, Rio de Janeiro, pp. 217-35, v. 5, jul./1998.

[2] J. B. Lacerda, O congresso universal das raças, de Londres, Rio de Janeiro, Papel Macedo, 1912; J. B. Lacerda, Sobre os mestiços (publicado em francês), Paris, Imprimiere Devouge, 1912; A. Ferreira de Magalhães, Pró-eugenismo – conferência de proteção à infância; Anônimo, O problema sexual, prefácio de Ruy Barbosa e Coelho Neto, 1913; Alberto Torres, O problema nacional brasileiro, Rio de Janeiro, Imprensa Nacional, 1914; Alexandre Tepedino, Eugenia, Tese. Faculdade de Medicina do Rio de Janeiro, Rio de Janeiro, Typografia Baptista de Souza, 1914; Rodriguez Doria, O erro essencial da pessoa na lei brasileira do casamento civil, Bahia, Imprensa Oficial, 1916, em Renato Kehl, Sexo e civilização: novas diretrizes, Rio de Janeiro, Francisco Alves, 1933, p. 269.

[3] Michel Foucault, História da sexualidade: vontade de saber, São Paulo, Graal, 1988, v. 1, p. 130.

[4] Nancy Leys Stepan, The hour of eugenics: Race, Gender and Nation in Latin America. Ithaca/London, Cornell University Press, 1991, p. 36.

[5] P. Valadares, "Os Mesquitas do 'Estadão' vistos pela genealogia judaica", disponível em <www.genealogiajudaica.com.br>, acesso em 5 de mar. de 2007.

[6] "Resenha de Jeca Tatuzinho", RBR, v. 27, n. 109, pp. 68-9, 1925, apud T. R. Luca, A Revista do Brasil: um diagnóstico para a (N)ação, São Paulo, Unesp, 1999, p. 219.

[7] L. P. Barreto, "Eugenia", RBR, v. 7, n. 28, p. 415, apud T. R. Luca, op. cit., p. 223.

[8] J. R. F. Reis, "Degenerando em barbárie: a hora e a vez do eugenismo radical", em M. L. Boarini (org.), Higiene e raça como projetos: higienismo e eugenismo no Brasil, Maringá, UEM, 2003, p. 187.

[9] Alceu Amoroso Lima, "Prefácio", in Tommaso Campanella, Cidade do Sol, Rio de Janeiro, Ediouro, s.d., p. 15.

[10] Francis Fukuyama, em O fim da história e o último homem, Rio de Janeiro, Rocco, 1992.

[11] Lílian Denise Mai, "Difusão dos ideários higienista e eugenista no Brasil", em M. L. Boarini (org.), Higiene e raça como projetos: higienismo e eugenismo no Brasil, Maringá, UEM, 2003, p. 52.

[12] Actas de Trabalho, Primeiro Congresso Brasileiro de Eugenia, Rio de Janeiro, 1931, v. 1.

[13] M. P. Serva, apud Renato Kehl, Sexo e civilização, op. cit., p. 31.

Renato Kehl, o médico do espetáculo
Como salvar um povo feio, inculto e triste?

O regenerador da raça

Este capítulo será uma reflexão acerca da trajetória de mais de três décadas de vida intelectual de Renato Kehl, em sua cruzada pela eugenização do Brasil. Autor de uma vasta obra bibliográfica, suas análises intensas em busca de soluções para a construção do homem brasileiro resultaram em concepções polêmicas e por vezes ambíguas. Apesar de Renato Kehl não ser o único eugenista brasileiro, sem dúvida foi ele quem melhor planificou e expressou os desejos e anseios de todos os eugenistas em nosso país.

Nascido em Limeira, interior do estado de São Paulo, em 22 de agosto de 1889, dividiu sua vida entre as cidades de São Paulo e do Rio de Janeiro. Filho de Joaquim Maynert Kehl e Rita de Cássia Ferraz Kehl, Renato se casou com Eunice Penna, com quem teve dois filhos: Victor Luis Penna Kehl, que faleceu aos 14 anos, e Sérgio Augusto Kehl. Formou-se farmacêutico em 1909, pela Escola de Farmácia de São Paulo, e, em 1915, médico pela Faculdade de Medicina do Rio de Janeiro. No entanto, mais do que à farmácia e à clínica médica, dedicou-se a organizar e disseminar a eugenia no Brasil, trabalhando em instituições públicas e privadas, sempre ligado à área médica. Entre os anos de 1927 e 1944, Renato Kehl trabalhou no laboratório alemão da Indústria Química e Farmacêutica Casa Bayer, a Bayer do Brasil, em que ocupou os cargos de farmacêutico

Médico e farmacêutico, Renato Kehl dedicou a vida à divulgação da eugenia no Brasil.

responsável e diretor médico, tendo elaborado as propagandas dos medicamentos dessa companhia. Renato Kehl morreu aos 85 anos, em 14 de agosto de 1974.

Com uma ampla obra escrita, publicou mais de trinta livros, a partir de 1917, sobre a temática eugênica. *A cura da fealdade* (1923), *Lições de eugenia* (1929), *Sexo e civilização* (1933), *Por que sou eugenista?* (1937) e *Typos vulgares* (1946) figuram entre os principais, publicados, em sua maioria, pela Editora Francisco Alves, sediada no Rio de Janeiro. Além disso, foi o editor-responsável do periódico *Boletim de eugenia* (1929-1931), durante os três anos de sua circulação, e editou a *Revista terapêutica*, *Vida rural* e *O farma-cêutico brasileiro*, todas financiadas pela Casa Bayer do Brasil entre as décadas de 1920 e 1940. Publicava também regularmente nos principais jornais do país. Manteve relações epistolares com outros eugenistas brasileiros e com os principais representantes do eugenismo internacional durante diversos anos, o que lhe valeu prestígio e reconhecimento no meio intelectual. Por isso talvez tenha recebido de seu sogro, o médico sanitarista Belisário Penna, o apelido de "campeão da eugenia".

Renato Kehl, sem dúvida, foi eternizado por ser o grande representante da eugenia no Brasil e, atualmente, sua obra tem despertado o interesse de diversos pesquisadores por todo o país, que se debruçam fascinados sobre seus escritos, devido à sua ambivalência e complexidade. Renato Kehl merece lugar na lista de intelectuais que influenciaram e contribuíram para o pensamento brasileiro do início do século xx, e esses trabalhos proporcionarão definir o seu devido lugar na história do pensamento conservador brasileiro. Verdadeiro relações públicas, Kehl se antointitulou "simples propagandista da eugenia".

Sua primeira oportunidade de divulgar a eugenia surgiu em 1917, quando dois empresários norte-americanos o convidaram para dar uma palestra sobre o tema na Associação Cristã de Moços (ACM). Posteriormente, o texto foi publicado no *Jornal do Commercio* e, em 1919, nos *Annaes de Eugenia*, compêndio de palestras e artigos patrocinado pela Sociedade Eugênica de São Paulo. Por iniciativa de Kehl e apoio do diretor da Faculdade de Medicina de São Paulo, Arnaldo Vieira de Carvalho, a Sociedade Eugênica de São Paulo foi fundada em 1818, com a participação de boa parte da elite paulista.

É possível afirmar que a campanha eugênica de Renato Kehl passou por dois momentos teóricos distintos, mas não opostos. O primeiro deles pertence à fase em que Kehl defendia uma eugenia mais positiva, profilática, alinhada com os objetivos dos médicos sanitaristas. Essa fase contempla o período entre 1917 e 1928, desde a primeira palestra de Kehl na ACM até o retorno de sua viagem pela Europa, em especial pela Alemanha, onde entrou em contato com as políticas eugênicas em vigor naquele país. O segundo momento da trajetória de Kehl diz respeito ao período de radicalização da eugenia em que os métodos de esterilização e a restrição da imigração foram defendidos abertamente. Época também marcada por uma crise mundial, não somente no Brasil, com a crise cafeeira, mas também no restante do mundo, após o *crash* da bolsa de Nova York e as posteriores crises políticas na Europa. O mundo todo sofreu durante a década de 1930 com a exacerbação de políticas de cunho supernacionalista, crises econômicas e a exclusão social que acabou por detonar o conflito conhecido como Segunda Guerra Mundial, em 1939.

Renato Kehl nunca esteve sozinho na empreitada pela eugenia no Brasil. Contando com opositores de diferentes linhas de pensamento, a sua história muitas vezes confunde-se com a história da eugenia no Brasil. Entre os seus principais interlocutores estão alguns dos grandes intelectuais do período. No cenário nacional, nomes como os de Oliveira Vianna, Gilberto Freyre, Monteiro Lobato, Fernando Azevedo e Edgar Roquette-Pinto estão ao lado dos maiores representantes do eugenismo internacional, como Charles Davenport (Estados Unidos), Leonard Dawin (Inglaterra) e Victor Delfino (Argentina).

No seu entender, Higiene e Eugenia eram disciplinas distintas, ambas ramificações da Medicina. De acordo com a definição oficial da palavra *eugenia* expressa por Kehl no livro *Educação eugênica*, "há quem confunda eugenia com educação física, com plástica, com educação sexual, com controle de natalidade ou a considere um simples ramo da higiene". Muitas vezes, os adeptos do eugenismo não faziam essa separação clara, e a posterior radicalização da eugenia brasileira denota do fato de a eugenia ser pensada por alguns somente sob seu aspecto positivo, ou seja, profilático.

O desejo de Renato Kehl era de que o Brasil se povoasse de "gente sã física e moralmente", à exemplo da Grécia Antiga, que no seu entender havia encontrado o equilíbrio do corpo e do espírito expressos na civilização ideal. Olhando para o passado como um reflexo no espelho, o eugenismo de Renato Kehl via a sociedade através da beleza plástica, da retidão moral e da divisão social de maneira idêntica àquela dos gregos antigos. Proclamava em *A cura da fealdade*:

> Imitemos os gregos dos tempos heroicos, no que eles tinham de belo e salutar. Esforcemo-nos como eles para reabilitar física e moralmente os atributos humanos que a degeneração se propõe a alterar. Embelezemos a espécie humana, certos de que a beleza pode ser criada à nossa vontade. Não é utópica essa afirmativa. Somos súditos da natureza, nem em tudo dependemos dela e em muito de nós mesmos. A natureza dá-nos a vida. Nós vivemos prolongando-a, abreviando-a ou melhorando-a a nosso juízo.

Para Renato Kehl, não é utópica a ideia de se criar uma civilização bela, física e moralmente, mas essa via só seria possível através do rompimento da relação do homem com a natureza. Aqui a natureza é vista como sinônimo de selvageria e paixão, ou seja, sem ligação com o racional e o científico. Essa ideia é muito semelhante àquela desenvolvida pelos iluministas do século XVIII, que viam na racionalidade o único viés possível para o progresso social, colocando no extremo oposto características como a paixão, o espírito e a ficção, representados como "desvios da verdade", como reflexos da vida selvagem e animal e do cumprimento das normas sociais.

A escultura Vênus de Milo representou um padrão de beleza também para os eugenistas brasileiros. Renato Kehl, por exemplo, a descreveu como a "expressão de beleza simples, nobre e serena".

Como bem notou Marcos Nalli,[1] dentro da vasta obra de Renato Kehl, o livro que melhor consolidou seus pressupostos teóricos é *Lições de eugenia*. Publicado em 1929, com segunda edição de 1935, ele é também a expressão da radicalidade atingida pelo pensamento eugenista daquele período. Organizando e esclarecendo desde suas bases teóricas até os projetos de cura do povo brasileiro, *Lições de eugenia* pode ser considerado um livro síntese do pensamento de Kehl.

Nesse sentido, Kehl seguiu e defendeu os preceitos teóricos de três dos maiores biólogos de seu tempo, que formularam boa parte dos preceitos na área da genética e hereditariedade: Gregor Mendel, August Weismann e Francis Galton. É claro que Charles Darwin e Jean-Baptiste Lamarck também influenciaram com seus trabalhos, mas suas contribuições foram mais tímidas e restritas na formação da eugenia de Kehl.

Cada um desses três biólogos mencionados (Mendel, Weismann e Galton) contribuiu de modo distinto para amalgamar toda uma rede teórica. De modo complementar compuseram um caldeirão de ideias que formou toda uma teoria. Mendel influenciou Kehl no que diz respeito às leis de hereditariedade e ao pressuposto de que a continuidade e a perpetuação da espécie estavam condicionadas à combinação dos caracteres. Esse pressuposto dá a base para a teoria de continuidade do plasma germinativo desenvolvida por August Weismann. Para ele o meio ambiente é incapaz de interferir no processo de hereditariedade. Essa dimensão a-histórica da vida será definitiva no pensamento de Renato Kehl e o distanciará de boa parte dos eugenistas do período, tais como Roquette-Pinto e Belisário Penna, na segunda fase da eugenia brasileira. Finalmente, a última predominância teórica na formação da eugenia de Kehl é Francis Galton, já mencionado aqui. Galton foi eternizado como o criador da Biometria, ciência que estuda o indivíduo do ponto de vista genético e sociológico. Por exemplo, o método de reconhecimento individual através de impressões digitais, utilizado até os dias de hoje, foi criado por Galton. Além dos estudos biométricos, desenvolveu a Tabela de Hereditariedade, na qual estão dispostos todos os tipos hereditários, numa escala de medição do indivíduo. Num extremo estava o gênio, no outro, o imbecil, e entre eles o tipo médio. Renato Kehl comenta sua relação com o pensamento de Galton no livro *A eugenia prática*:

A eugenia não tem por princípio criar tipos superiores, da classe G de Galton, ou gênios. Ela se propõe a elevar o nível médio da humanidade, a diminuir o número de degenerados físio-psíquicos pondo em prática recursos perfeitamente aceitáveis.

Todo o pensamento de Renato Kehl está alinhado com as teorias de seu tempo, o que confere a ele, como evidenciou Marcos Nalli, o *status* de moderno do ponto de vista conceitual e histórico. Prevalece também nos pensamentos de Mendel, Weismann, Galton e de Kehl, por consequência, o determinismo genético, que desconsidera a influência do meio ambiente no desenvolvimento do indivíduo.

Essa prerrogativa será fundamental para localizar as análises de Kehl no que se refere ao Brasil e ao homem brasileiro. Como o início do século XX foi marcado pelas discussões sobre a "questão nacional" entre médicos, advogados e intelectuais, o meio culto do país ocupava-se em responder se o Brasil poderia existir como Nação. No entanto, eugenistas e sanitaristas observavam essa "questão fundamental" sob a perspectiva da cura e da regeneração

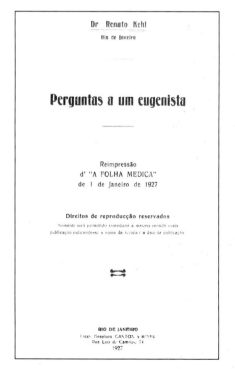 

Imagens fac-símiles de obras de Renato Kehl.

Imagens fac-símiles de obras de Renato Kehl.

médica. Somente assim seria possível a salvação nacional. Para Kehl, a implantação de três medidas era urgente: a separação dos tipos eugênicos; a eliminação dos fatores disgênicos e o minucioso controle da imigração. Os tipos eugênicos dividiam os seres em duas categorias principais: a aristogenia, classe geneticamente superior, e a cacogenia, formada por indivíduos inferiores, que poderiam ser agravados pela disgenia, ou seja, desvios e doenças transmitidas de pai para filho.

Desdobra-se daí a segunda medida formulada por Kehl: o combate aos fatores disgênicos que desviam o tipo médio transformando seres normais em indivíduos cacogênios. Os fatores disgênicos são transferidos hereditariamente. Para Kehl, alguns desses fatores são: o pauperismo, o alcoolismo, a sífilis, a tuberculose, a guerra, o urbanismo, a filantropia contrasseletiva e a ignorância. A tristeza e a feiura eram também vistas como sinônimos de doença, assim como a sífilis era sinônimo de fealdade. Em *Formulário da belleza*, Kehl afirma: "Não fosse a sífilis, não existiriam tantas pessoas feias, monstruosas, quer physica, moral ou psicologicamente".

Pessoas feias... não somente do ponto de vista estético, mas também moral. Dessa forma, Kehl considera o feio não apenas um atributo físico, mas também a prática do fazer feio. Afirmações do tipo "Não faça isso porque é feio!" encaminham a observação do feio não como condição, mas como uma consequência do mau comportamento. Assim, a feiura torna-se uma questão de querer individual e não somente o resultado de um acaso natural.

Todavia, para Kehl, o problema dos fatores disgênicos é que eles condenam as gerações futuras, pela hereditariedade. Em sua análise sobre o alcoolismo, também no *Formulário da belleza*, observa o efeito do álcool em escala:

> Vê lá um louco – é o filho de um alcoólatra. Vê lá um mentecapto – é descendente de um ébrio. Vê lá aquela família, maltrapilha e esquelética, as crianças fazendo dó de magras, pálidas e feias – qual a causa? – O pai, coitado, deu para beber e abandonou o lar!

Contudo, esse efeito em escala do alcoolismo demonstra um problema muito mais social do que sanitário. O pai alcoólatra é um "coitado" – ele não é cidadão, é um doente, passivo diante de seu desvio – que abandonou o lar, ou seja, deixou mulher e filhos, que, sem o apoio masculino, ficaram impossibilitados de sobreviver.

Tornaram-se maltrapilhos, esqueléticos, loucos. Kehl desconsidera por completo, nesse caso, o papel da mulher e a participação da mãe na educação dos filhos. Onde estavam as lavadeiras, doceiras e todas as mulheres trabalhadoras do período? Vê-se que, apresentando o alcoolismo como um problema médico, ele deixa de ser considerado um problema social para ser uma questão moral e individual. O machismo de suas afirmações sugere que se os homens não bebessem, não abandonariam seus lares, mulher e filhos, e que estes estariam protegidos dos "males do mundo". Enquanto isso, à mãe nem sequer é reservado um lugar, ou melhor, o lugar da mãe, para Kehl, é de subserviência ao marido, seja ele alcoólatra ou não. Sabe-se, contudo o quanto o alcoolismo foi considerado um problema relacionado à produtividade no trabalho. Visto como agente de degeneração, deveria ser normatizado e disciplinado. Nesse sentido, a psiquiatria se ocupa largamente do problema do alcoolismo nas Ligas de Higiene Mental. Isso porque o alcoolismo é um fator de diminuição da produtividade e de aumento da frequência dos acidentes de trabalho dentro das fábricas.

A regeneração da raça, para Kehl, seria alcançada, portanto, após a eliminação de todos os fatores disgênicos e o aumento do tipo médio, o branqueamento da sociedade – para a elevação da aristogenia branca – e com o controle rigoroso da imigração, que permitia a entrada no país de indivíduos cacogênios. Como afirmou Alcir Lenharo,[2] a ideia do sangue-doença, portador da destruição e desgraça, representa uma ameaça de morte para uma nação. Sangue saudável seria sinônimo de nacionalidade saudável. No Brasil da década de 1930, as paixões racistas elevaram um espírito de intolerância pela ânsia nacionalista. Nesse sentido, as leis de imigração pautavam-se pela negação do diferente. Havia mais certezas sobre o indesejável do que seu contrário.

Kehl, sempre contrário à miscigenação, direcionará sua crítica à imigração asiática e negra. Criticou em *Sexo e civilização* a política imigracionista adotada no Brasil, ressaltando a importância de que fossem feitos incentivos às imigrações de grupos de países de raça nórdica, não aceitando imigrações vindas de países asiáticos.

O Japão em pletora, a China em piores condições, a Índia [...]. Imagine-se estes países a nos expelirem seus rebutalhos multicor e multiforme! [...] E há quem defenda a imigração, para nos trazer tais elementos. Se fossem suecos, noruegueses, ingleses e alemães, ainda se conceberia. A lavoura precisa de braços, eis o grito que se ouve e o governo que a atenda! Questão de raças? "Isto fica para mais tarde", dizem os nossos pseudoestadistas.

O controle de imigração é visto também como uma medida de preservação da nacionalidade. A postura adotada pelos Estados Unidos desde o século XIX, limitando a entrada de negros e asiáticos em seu território, foi muito defendida por Kehl. Seu medo da hibridização comprova: "Dentro de algumas décadas, muitos países estarão completamente mestiçados, predominando os elementos asiáticos."

Se, de um lado, Kehl era favorável ao branqueamento para a elevação da raça branca, por outro, era contrário à miscigenação por acreditar que o hibridismo macula o melhor de cada raça. Essa ambiguidade de seu pensamento pode ser evidenciada por duas vertentes de seu racismo, chamadas por Marcos Nalli de "racismo acromático" e "racismo cromático".

O primeiro tipo diz respeito ao racismo que defende a pureza racial de acordo com as classes mendelianas ou a tabela de Galton. Vulgarmente, poderíamos dizer que se trata de um racismo de classe. Em *Por que sou eugenista?*, Renato Kehl é enfático quanto a essa questão:

> Toda a raça, seja a branca, a preta, a amarela, a bronzeada deve defender a sua relativa pureza, impedindo a intromissão de caracteres exóticos. Todas são dignas e apresentam caracteres de nobreza biológica.

O segundo tipo de racismo é aquele evidenciado pela cor da pele, que também é abertamente defendido por Renato Kehl, e sugerido quando se coloca contrário à miscigenação pelo risco de mulatização da raça branca. A nacionalidade brasileira, como disse Renato Kehl em *Lições de eugenia*, embranquecerá à custa de "sabão de coco ariano". O perfil pessimista de Kehl acaba por propor uma ação intervencionista que tornará urgente combater a mestiçagem, pois ela impede a purificação das classes e a geração de proles cada vez mais puras, superiores, aperfeiçoadas e brancas. Nesse sentido, Kehl tenta justificar seu racismo cromático de modo cientificista quando escreve em *Sexo e civilização*:

É indiscutível o antagonismo e mesmo a repulsa sexual existente entre indivíduos de raças diversas. Só motivos acidentais ou aberrações mórbidas fazem unir-se via de regra, um homem branco com uma negra ou vice-versa. E o produto deste conúbio nasce estigmatizado não só pela sociedade, como, sobretudo, pela natureza; está hoje provado, não obstante a grita de alguns cientistas suspeitos, que o mestiço é um produto não consolidado, fraco, um elemento perturbador da evolução natural.

Incentivar os casamentos e a procriação dos "bem-dotados", a elite branca, é um dos objetivos do eugenismo de Renato Kehl quando ele constata que a fecundidade é maior entre "indivíduos inferiores" e que "o número de filhos é inversamente proporcional à posição social dos pais". Mas esse medo diante da degeneração social mostra também uma falha em seu modo de ver o mundo. Como já foi dito, Renato Kehl é adepto do determinismo genético e tem uma visão naturalizada e a-histórica da relação entre o indivíduo e a sociedade. Marcos Nalli observou que Kehl propõe uma "sociedade dos indivíduos" que por consequência direcionará toda a sua teorização para a instauração da intolerância, da segregação racial e da exclusão, tirando do indivíduo sua condição social e, portanto, sua humanidade. O indivíduo não é um ser social, nem histórico, mas orgânico. Nesse caminho de desumanização, Renato Kehl irá delimitar os tipos "ameaçadores" que deverão ser combatidos: o monstro, o feio e o triste.

Os médicos e os monstros

Quem não se assustou ao ver pela primeira vez o rosto de John Merrick, o "homem elefante", no filme dirigido por David Linch? A visão de seu rosto era monstruosa. Nessa coprodução entre Estados Unidos e Inglaterra, na década de 1980, a personagem da Inglaterra vitoriana, John Merrick, era uma das principais atrações de um circo dos horrores, em que eram apresentadas curiosidades da natureza. Pessoas com gigantismo, anões, irmãos gêmeos ou siameses, mulher barbada. Devido à sensibilização de um médico da Inglaterra pós-Darwin, John Merrick é levado do circo ao hospital, para ser cuidado e estudado.

Cena do filme *O homem elefante*, exemplo da espetacularização da deficiência física. John Merrick, personagem principal, é tratado como monstro no circo e no hospital.

Entre o dono do circo que o transformou em atração preso numa jaula e o médico que o tornou objeto de estudo há o espetáculo e a mudança de significado de seu papel de sujeito: de monstro a doente, de espetáculo a paciente. De acordo com Jean-Jacques Courtine,[3] houve uma transformação histórica nas sensibilidades em relação ao olhar dirigido à deformidade humana no Ocidente. Todavia, para Courtine, o monstro só pode usufruir dos cuidados médicos e da emoção caridosa da opinião pública sob a condição de desaparecer do olhar público, ou seja, há na monstruosidade um paradoxo de compaixão pelo corpo disforme, que presidiu à elaboração da noção de deficiência ao longo do século: o amor por ela manifestado aumenta em proporção ao distanciamento do objeto.

Portanto, para consolidar o distanciamento da opinião pública diante da anormalidade, foi necessário transformar a anormalidade não somente em objeto de estudo e fruto da compaixão dos homens, muito própria da medicina social do século XIX, mas em objeto de um eugenismo avesso aos assistencialismos e sedento em perfectibilizar a sociedade brasileira, o que, por si só, revela um paradoxo. Primeiramente, porque a perfeição é busca utópica de um lugar ideal, com um padrão médio equilibrado e homogeneizado. Em segundo lugar, num desdobramento do primeiro argumento, o Brasil é fundamentalmente um conglomerado de singularidades raciais e étnicas. Contudo, o paradoxo visto desse modo ainda não se esclarece muito. Pois a própria criação de uma ideia homogeneizante – a suposta melhoria do patrimônio racial e estético brasileiro – cria seu avesso, nesse caso, a fealdade, vista por Renato Kehl como sinônimo de degeneração em seu livro *A cura da fealdade*, publicado em 1923. Esse avesso pode ser entendido como uma ameaça ao social e ao individual ao passo que o medo de estar enquadrado no grupo errado favorece a realização e a consolidação dessa ideia inicial e homogeneizante.

Paralelamente, surge um outro lugar para a cura dessa fealdade, que está fora do corpo, da hereditariedade e da genética, mas no crescimento da indústria do embelezamento. Cremes e maquiagens, peças de vestuário que enaltecem o corpo, alisantes para cabelos crespos, cápsulas rejuvenescedoras, bisturis, sugadores de gordura, atividades físicas e uma alimentação saudável contribuíram ao longo do século XX para incutir, não somente nas mulheres como também nos homens, a ideia de que não é possível ser feio. Ou então de que é inaceitável ser feio, com tantas possibilidades estéticas de tratamento, algumas provisórias, outras permanentes. De acordo com Denise Bernuzzi de Sant'Anna,[4] o século XX criou novas técnicas e artifícios para o embelezamento da mulher, que aos poucos foram libertando-a dos aparatos externos ao corpo (cintas, sutiãs, corpetes) e, ao mesmo tempo, coagindo-a ao aprendizado e ao consumo de uma miríade de produtos e técnicas novas, feitas agora para comprar uma estética de acordo com a moda e os anseios pessoais. Quando se entra em contato com os textos eugenistas de Renato Kehl, a noção de fealdade adquire significados diversos, pois suas descrições são tão generalizantes que acabam transformando em sinônimos

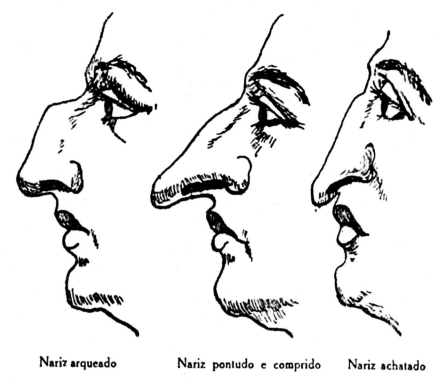

Nariz arqueado   Nariz pontudo e comprido   Nariz achatado

No livro *A cura da fealdade*, Renato Kehl desenvolveu a ideia de que um nariz "malfeito" representava a mais "desgraçada das deformidades".
Preconceito de raça ou supervalorização da aparência?

adjetivos bastante distintos como a deficiência, a anormalidade e a doença. Monteiro Lobato escreveu a Renato Kehl em abril de 1936:

> [...] país que nasce torto não endireita nem a pau. A receita [...] para concertar o Brasil é a única que me parece eficaz. Um terremoto de 15 dias, para afofar a terra; e uma chuva de... adubo humano de outros 15 dias, para adubá-la. E começa tudo de novo. Perfeita, não?

Nesse trecho de uma carta escrita por Monteiro Lobato é possível destacar a concepção de "povo brasileiro" expressa por um dos grandes representantes da cultura letrada do país: um povo "torto" e avesso ao "endireitamento". Após os desdobramentos da Proclamação da República, em 1889, o ideal da formação de um povo brasileiro que representasse toda a nação era empunhado pela bandeira da liberdade e da igualdade.

Renato Kehl foi responsável e incentivador de algumas das ideias ligadas ao progresso e à igualdade difundidas pela "nova ciência" de Francis Galton, a eugenia. A partir de 1917, iniciou sua peregrinação em prol da formação do homem saudável, belo, civilizado, definitivamente brasileiro. Dessa forma, eugenizar nada mais era do que homogeneizar a população, ressaltando e aperfeiçoando suas semelhanças e segregando os diferentes.

Identificaremos nos textos de Renato Kehl sua minuciosa tentativa de desumanizar o corpo imperfeito, ou seja, disgênico, relacionando-o à fealdade, à anormalidade, à monstruosidade e à doença. Essa desumanização resulta de todas as descrições desses corpos imperfeitos, ao contrário daqueles considerados perfeitos e civilizados. A imperfeição, então, adquire o *status* de incivilidade e de desumanidade. Desumano porque o "homem imperfeito", apesar de ser visto como humano, está posto num lugar em que o médico tem a autoridade e o Estado tem a função de determinar o que fazer com ele. O feio torna-se então um ônus para o Estado, um atraso para a sociedade e um peso para os belos e normais. Se, como escreve José Gil no livro *Monstros*, o "monstro assinala o limite 'interno' da humanidade do homem", pode-se dizer que a fealdade passará a indicar, com o eugenismo de Kehl, a anormalidade psíquica e moral do brasileiro.

As descrições da fealdade são parte da aposta eugenista na intervenção direta no corpo do indivíduo, intencionando criar o corpo do novo homem e o corpo da coletividade – ideia de que cada um é responsável por si e pela saúde da coletividade, o que se traduz nas práticas que visam identificar o indivíduo feio como sinônimo de inapto ao trabalho, anormal, monstruoso, doente, degenerado e incivilizado. A esse respeito, Michel Foucault é inspirador quando analisa os anormais. Desenvolvendo a ideia de que o monstro humano é uma noção jurídica, por fugir à norma, Foucault demonstra como a monstruosidade pode contradizer a lei. Mas esse monstro não deflagra uma intervenção por parte da lei – ele a deixa sem voz. O anormal do século xix é o monstro humano cotidiano, um monstro banalizado, e não mais, como era visto até o século xviii, uma infração das leis da natureza. O monstro torna-se objeto de estudo médico e passa a ser considerado um anormal do ponto de vista mental e psicológico. Mas, também, todos os que fizerem parte da categoria "anormal" serão considerados "desviantes sociais". Assim, a partir do século xix, há uma suspeita sistemática de monstruosidade no fundo de qualquer criminalidade. Todo criminoso traria em si um monstro, assim como para Renato Kehl todo doente seria um monstro, um anormal. Em *A cura da fealdade* descreve:

> [...] a palavra fealdade, aqui empregada, tem uma significação mais ampla do que a do entendimento corrente. Não corresponde à falta de predicados físicos, de graça ou de outros atrativos, que fazem de um homem ou de uma mulher alvo de admiração e simpatia. A fealdade é encarada, sob o ponto de vista galtoniano e, como tal emprestei-lhe o sentido claro de disgenesia ou cacogenia. Em outros termos ela equivale à anormalidade, à morbidez, assim como a beleza equivale à normalidade, à saúde integral.

Portanto, para Kehl, ser feio não atenta somente contra um problema estético. As dicotomias doença-saúde, sujo-limpo, feio-belo, anormal-normal e incivilizado-civilizado são confrontadas com a intenção de perceber qual discurso do olhar se constituiu para delimitar as ações do "outro". O afastamento do sujeito observador no discurso médico transforma o observado em coisa, não humana, passível de manipulação e enquadramento a um corpo técnico de regras e processos. A fealdade transforma-se em anormalidade e morbidez, impossibilitando a saúde do indivíduo. Mais do que isso, ela é a própria incivilidade.

As associações feitas entre saúde e beleza são transpostas à doença e à fealdade. Kehl estabelece inúmeras delas, por exemplo em relação aos sifilíticos. Considerada na época a doença que mais degenerava a raça, era tida como obstáculo para a formação do povo brasileiro. Sinônimo de ônus para o Estado, os doentes representavam a crítica feita ao assistencialismo nos casos de doenças degenerativas. Para Kehl, em *Educação eugênica*, a filantropia e o sentimentalismo contrariavam a seleção natural e contribuíam para a proliferação dos fracos, doentes e degenerados, agravando a decadência e o abastardamento do gênero humano. Em suas palavras:

> As [crianças] que sobrevivem [à sífilis] são anêmicas, rachiticas, feias, nevropathas, ticosas, candidatas a morte precoce ou a se tornarem indivíduos cretinos, loucos, paranoicos (a nossa terra é considerada o paraíso destes degenerados), cegos, paralíticos, enxaquecados, sujeitos a uma existência de tormentos, de martyrios para os outros, e sobrecarga para o Estado.

São os problemas de origem genética ou hereditária que constituem fator degenerativo. Assim, aquilo que vem de dentro do corpo é alvo de suspeitas e exames. Renato Kehl observou: "provou-se que os gigantes são quase sempre indivíduos anormaes, degenerados, monstruosos". Consideradas deformidades físicas, só tinham validade quando congênitas, não quando adquiridas ao longo da vida.

A construção do que deve ser belo e a desconstrução do feio representam a maneira como o discurso de Renato Kehl pretendia interferir no corpo individual. Apresentar a fealdade como sinônimo de doença nos conduz para a ameaça e o medo do feio e de ser feio. Então, para ser belo, em *A cura da fealdade* propõe Kehl em nome da eugenia:

> A Eugenia pretende certa regularidade nos traços fisionômicos, uma justa proporção nas partes constitutivas do corpo, vivacidade de espírito, movimentos graciosos no andar e nos gestos, além de saúde, força e vigor, para classificar um indivíduo no rol dos tipos eugenicamente belos.

Um dos caminhos propostos para a cura da fealdade é o embelezamento. Os padrões recomendados, como já foi dito, são baseados na forma física clássica dos antigos gregos. Os parâmetros de normalidade estão associados à beleza, mas essa beleza tem de ser composta de aspectos não só físicos, como também psíquicos e morais. Renato Kehl vê a beleza como normalidade e um pressuposto do tipo médio, sob o aspecto somático, físico e moral. É belo todo indivíduo com saúde desde que tenha uma compleição física normal. Por outro lado, o feio corresponde à anormalidade, à desproporção e à doença. Para Kehl, "um imbecil plasticamente perfeito não é considerado belo, sob o ponto de vista eugênico".

De acordo com Georges Canguilhem,[5] o patológico não pode ser considerado anormal porque as doenças fazem parte das funções normais do corpo: de defesa orgânica e de luta contra a doença. Desse modo, a estrutura do pensamento de Kehl corresponde a uma concepção de vida que, além de ver no indivíduo sua hereditariedade, fisiologia e genética, generaliza o patológico como sinônimo de doença. Anormal seria não adoecer, isso sim sairia da norma. Entretanto, a patologia implica *pathos* (sentimento de impotência), denunciando a passividade do corpo e do paciente diante da autoridade médica. Os eugenistas se valem de suposições dessa natureza para encarar a doença como patologia e considerá-la um desvio da norma, intolerável porque funcionaria como um obstáculo para o progresso da nação. Kehl é bastante explícito nesse aspecto ao afirmar em *O que pretendem os eugenistas*:

> Os intuitos da doutrina eugênica podem ser resumidos nos itens: 1º) fazer com que as pessoas bem dotadas ou, mais claramente, as pessoas fortes, equilibradas, inteligentes, portanto de linhagem hereditária sadia, tenham maior número de filhos; 2º) que as pessoas inferiormente apresentáveis (doentes, taradas e miseráveis) não tenham filhos.

Considerando a proposta do segundo item do fragmento anterior, a única maneira de as pessoas inferiormente apresentáveis terem participação numa sociedade eugenizada é não tendo filhos – isso quer dizer, utilizar-se da esterilização. Instrumento que, até onde se sabe, não foi praticado no Brasil de modo oficial, mas de modo arbitrário, como vimos no capítulo anterior, com o médico psiquiatra Juliano Moreira. Na década de 1930, diversos países europeus, além dos Estados Unidos, já praticavam largamente a eugenia como forma de eliminar os "indesejáveis". Um dos casos mais assustadores dessa prática deu-se na Alemanha, entre os anos de 1934-1939, em que centenas de milhares de pessoas foram esterilizadas. Na Califórnia, Estados Unidos, foram praticadas mais de cinquenta mil esterilizações entre os anos de 1907 e 1948. Além disso, outro método seria a proibição dos casamentos entre "indesejáveis" – mesmo porque, como afirmou Jean Héritier,[6] há séculos se considera que o feio é indigno de amar.

Nesse sentido, Civilizado, Belo e Saudável formam uma tríade que, segundo Kehl, deve manter suas relações fortes, contrariando a propalada ameaça de degenerescência provocada, entre outros fatores, pela "miséria", entendida como pobreza material. A associação entre pobreza e perigo alimenta, desde o final do século XIX, o imaginário médico e higiênico em muitas metrópoles ocidentais. Jean-Jacques Courtine, em *O que pretendem os eugenistas*, delimita os campos de dois tipos físicos característicos daquele momento: o físico popular e o físico burguês. No caso do físico popular, é do "anonimato das fealdades onde pode sempre surgir o rosto da violência e do crime". Essa ameaça de criminalidade relacionada à classe pobre é associada, da mesma forma, à fealdade.

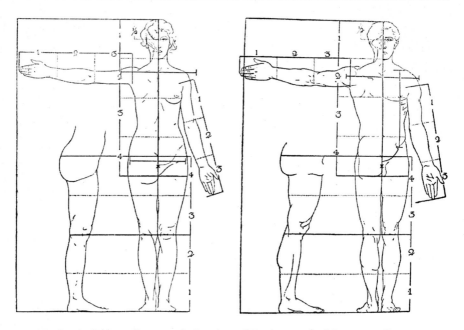

Renato Kehl acreditava nas técnicas de medição do corpo feminino e masculino, e defendia a proporção para a saúde e beleza dos indivíduos.

No Brasil, a associação entre pobreza e perigo fomentou inúmeras justificativas de especulação imobiliária nas cidades, como meio de sustentar a ingerência do governo na vida familiar e individual de cada trabalhador de baixa renda. Um dos caminhos possíveis era a tentativa de proibir a existência dos cortiços, onde se amontoavam famílias em um único cômodo e não havia rede de esgoto e de abastecimento de água, recolhimento do lixo ou fiscalização sanitária. Em contrapartida, a formação de bairros higiênicos impulsionou o comércio de propriedades "saudáveis", exacerbando a diferença entre estas e os insalubres cortiços. Os bairros de Higienópolis e Campos Elíseos, em São Paulo, são exemplos da segregação dos espaços do saudável e do doente, da formação do bairro burguês em detrimento do bairro proletário, como, por exemplo, os bairros do Brás e do Bexiga. Com isso, a necessidade de sanear e de prevenir essas desagregações pedia ações efetivas de políticas públicas para frear e controlar o espaço do operário pobre das cidades em ascensão.

Na década de 1930, para os eugenistas, a situação econômica do Brasil só irá melhorar quando se formarem políticas que deem conta de educar, sanear e melhorar o corpo social. A proposta liberal e eugênica para extirpar o feio, o doente, o anormal prevê a solução desse mal por meio de duas estratégias: a eugenia e a eutecnia. Renato Kehl é otimista nesse aspecto quando prevê, em *O que pretendem os eugenistas*, um futuro livre dos monstros:

> Dentro de cinco gerações a humanidade poder-se-á encontrar aliviada de 50 por cento de suas monstruosidades, deformidades e desequilibrados mentais, realizando um grande passo para o reajustamento das populações com a elevação da taxa dos bem dotados, em relação aos mal dotados e aos ajustados psico-sociais. Tudo poderá realizar-se com o auxílio da Eugenia, que melhora as condições hereditárias do homem, e da eutecnia, que melhora as condições do meio ambiente.

Mais uma vez, corpo e meio ambiente são postos como coisas distintas, não influindo um no outro. A eugenia cuida das condições hereditárias, que não podem ser modificadas pelo meio ambiente. Mostra-se a dimensão a-histórica do eugenismo de Renato Kehl. Em seu modo de entender a eugenia, não há lugar para a História no processo de formação da humanidade. Apesar de admitir a influência do meio como uma das causas da degeneração, ele é descrito por Kehl somente na sua dimensão física e climática. As relações humanas estão fora disso.

Portanto, para evitar o aumento da população de "anormais", ou, segundo Renato Kehl, dada a necessidade de impedir a proliferação desses "resíduos humanos", algumas propostas serão feitas por ele, a fim de eliminar da sociedade brasileira os considerados inaptos, degenerados e criminosos. Para obter o padrão ótimo numa sociedade eugenizada, Kehl se inspira no exemplo norte-americano. Estes, ressalta Kehl, optaram por adotar uma postura segregacionista em relação à raça. Diga-se de passagem, não somente a segregação racial, mas também a segregação daqueles que devem estar isolados do meio social, os elementos mais nocivos, tais como "todos os débeis mentais e os epiléticos", e orientando aqueles "medíocres e menos perigosos" para que pudessem produzir seu próprio sustento.

Para que todas as proposições fossem implantadas e a regeneração política do Brasil fosse bem-sucedida, deveriam ser legitimadas não somente pela classe culta, mas também pelo poder legislativo. Kehl, porém, é implacável com essa instituição

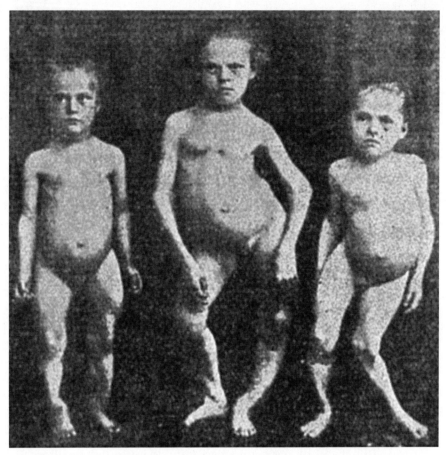

Três meninas com deformidades ósseas. A imperfeição do corpo humano era para Renato Kehl sinônimo de infelicidade e doença.

no livro *Sexo e civilização*. Sustenta que, no Brasil, o congresso não é patriota e reitera:

> A regeneração política de qualquer país civilizado depende essencialmente de um aparelhamento legislativo culto e verdadeiramente patriota. Outro tivesse sido o nosso corpo legislativo e já teríamos leis modernas sobre imigração, proteção às mães e à infância, e a lei regulamentando o casamento, todas elas de proveito eugênico e consentâneas com as necessidades do nosso país, atualmente em franca evolução política, social e biológica, apesar dos óbices opostos pela rotina, pela politicagem, pelo desgoverno, além de outros múltiplos fatores que vêm atuando em sentido contrário ao progresso.

É possível perceber que a educação é representada como uma vertente de regeneração entre outras tantas. Todas essas vertentes têm como critério principal a profilaxia do indivíduo. Entre elas é possível destacar a educação (pedagógica, higiênica, sexual, física), a imigração, o controle de nascimentos, a legislação, a esterilização, a paternidade, o exame pré-nupcial, a genealogia e a propaganda. Como ressaltou Marcos Nalli, a educação é um exemplo de intervenção eugênica e, dessa forma, apresentava fragilidades em sua eficácia, assim como a religião e o progresso da ciência sozinhos não impedem a degeneração dos povos. Renato Kehl questiona essa eficácia quando afirma que o "progresso material, o progresso da ciência, a educação, a religião não têm concorrido de modo apreciável para impedir a decadência física e psíquica dos povos". Desse modo, a educação é insuficiente para "milagrosamente salvar os cegos, surdos, cretinos e os débeis mentais". Para tratar dessas pessoas, outras medidas deveriam ser tomadas, mas Kehl não as formulou de modo objetivo:

> Para estes impõem-se outras medidas... que por serem eugênicas, não deixam também de ser humanas, sem o falso sentimentalismo dos que olham para o presente sem perscrutar o futuro, que olham para um indivíduo, sem considerar a coletividade.

Medidas eugênicas... e humanas. Do que fala Kehl? Da esterilização? Ele sugere uma prática, mas não a nomeia. Apenas constata que a educação é insuficiente para cuidar desses casos. Mais uma vez, Kehl enfatiza a tendência ao individualismo, que é orgânico, mas despreza as preocupações com a coletividade, vista aqui como hereditariedade.

> Quando muito [os indivíduos] trazem apenas a bagagem, de uma 'boa educação' e nenhuma compreensão dos deveres para com a descendência, para com as gerações futuras. Individualismo e não coletivismo.

O "dever" do indivíduo não é respeitar os seus desejos e agir com livre-arbítrio, mas observar o futuro como o resultado de suas ações no presente, tendo em vista a moral, a cientificidade, a hereditariedade e o civismo para a proteção das gerações futuras. Não se pode esquecer que, quando se fala da educação, isso quer dizer também educação sexual, física, pedagógica, higiênica e, sobretudo, eugênica.

Todas essas perspectivas educacionais têm uma finalidade principal: conscientizar os indivíduos, principalmente as crianças, da necessidade do cuidado com o corpo para a proteção da hereditariedade e do Estado. Tendo sempre como referencial as práticas de esterilização nos Estados Unidos e na Alemanha, Renato Kehl enfatiza a necessidade da implantação desse procedimento no Brasil, tendo em vista diminuir a miséria social e, como consequência, melhorar a situação dos indivíduos e do Estado. Kehl acreditava que os débeis mentais e alienados, além de representarem um prejuízo para o Estado, sobrecarregavam os que são considerados produtivos.

> Considere-se a fabulosa soma necessária para manter esse formidável peso morto e se aquilatará da importância transcendente de uma medida como a esterilização. [...] São esses resíduos humanos os causadores da miséria, do infortúnio de tantas famílias, em cujo seio se reproduzem degenerados de toda sorte, cretinos, idiotas, criminosos, malandros, bêbedos, e toda a caterva de indesejáveis que trazem a sociedade em permanente estado de exsudação mórbida e criminal.

Apesar de seu tom pesado, quando se refere aos indesejáveis como resíduos humanos, a esterilização seria eficaz por cuidar dos incorrigíveis. Como lembra Foucault, em *Os anormais*, o incorrigível é o monstro empalidecido, banalizado, em que fracassaram todas as técnicas, procedimentos e investimentos familiares e corriqueiros de educação pelos quais se pode ter tentado corrigi-lo. Portanto, o indivíduo a ser corrigido é incorrigível. No caso masculino, significa simbolicamente a castração, que impede que o homem espalhe sua descendência através de seu sêmen. No caso feminino, a ligadura de trompas também adquire um significado simbólico: privar a mulher de seu papel de mãe, já que nessa sociedade, do início do século xx, culturalmente masculina, o lugar reservado à mulher é cuidar do lar e dos filhos, e não poder ter filhos, no Brasil da década de 1930, significava não ser mulher. Dessa forma, Kehl apresenta, no livro *Sexo e civilização*, todas as justificativas para a aplicação da esterilização, e em quais casos homens e mulheres devem ser submetidos:

> a) Esterilização de alienados e de perversos instintivos; b) esterilização de grandes criminosos e de miseráveis; c) esterilização

econômica, no caso de casais incapazes de fornecer, pelo próprio esforço, os meios necessários para garantir a subsistência e a educação dos filhos; d) esterilização social, a fim de reduzir as despesas progressivas que a coletividade é forçada a sustentar com asilos de débeis mentais e inaptos ao trabalho, cada vez em maior número; e) esterilização obrigatória, imposta por doenças mentais; f) esterilização voluntária, praticada habitualmente por indivíduos com doenças físicas, por exemplo, tuberculosos, por mulheres após repetidos partos, havendo perigo de vida, cuja morte deixará na orfandade os filhos.

Renato Kehl explica de modo bastante detalhado quais são as pessoas que se enquadram e são potencialmente esterilizáveis. Sem simplificar ou reduzir a explicação de Kehl, em outras palavras o que ele quis dizer é que a esterilização é indicada. A necessidade de evitar os nascimentos dos indivíduos considerados inferiores e estimular o nascimento dos superiores é quase uma obsessão para Kehl. O eugenista se espelha nos exemplos de países em que o controle de nascimentos é empregado de maneira racional há anos. Alemanha, Holanda, Dinamarca, Suécia, Polônia e Japão figuram entre seus exemplos, com seus métodos de educação anticon-cepcional, o fim do tabu sexual e o controle compulsório de nascimentos. No caso dinamarquês, a educação sexual e o desprendimento da moral católica geraram um estado de coisas que possibilitou o "amor livre", mas ao contrário da libertinagem via-se uma sociedade eugenizada em que o índice de doenças venéreas era baixo e os casamentos realizados dentro das normas eugênicas. No caso japonês, o Estado limitou o número de nascimentos por família a partir de 1930. No caso brasileiro, Kehl enfatiza a importância do controle racional de nascimentos. Muitas vezes confundido com liberdade sexual, já que o sexo não implicava necessariamente a procriação e sim prazer, Kehl, o astuto, não se furta a justificar que sua proposta não é essa:

Somos partidários do birth control como medida de ultraprofilaxia contra a pletora de débeis mentais, de resíduos humanos [...]. Não é nosso intuito propagar ideias subversivas contra a moral vigente, muito embora a precariedade desta sob muitos aspectos. Não pretendemos a "liberdade de amar" porém a "liberdade para administrar sensatamente o fruto do amor".

A liberdade para administrar os frutos do amor significaria conviver com os métodos anticoncepcionais e com a gravidez programada, o que, para o período, representa uma postura arrojada. Pode-se dizer que Kehl é moderno nesse aspecto, por admitir que o sexo pode ser prazeroso e não ter somente a função procriativa. No entanto, a liberdade para o prazer sexual é masculina, o que faz o modernismo de Kehl ser parcial. Na verdade, o controle de nascimentos seria dirigido principalmente àquelas famílias pobres que não têm condições para sustentar os filhos, contra "a estupidez das proles numerosas, geradas *à la diable*, pelos incapazes da boa procriação". Assim, o alvo dos eugenistas não são somente os doentes hereditários e os cruzamentos inter-raciais, mas também os pobres. Deve-se, então, ressaltar mais uma vez a dimensão a-histórica da eugenia, por considerar o pauperismo uma consequência da hereditariedade e não o resultado das relações sociais historicamente constituídas.

Para que existam famílias de boa descendência, é necessário fazer um plano para estimular o aumento do índice de nascimentos dos "superiores" propagando as vantagens do casamento no interior de uma mesma raça, entenda-se classe, e ainda dentro da profissão paterna ou da vocação predominante na família.

Do centro ao isolamento

E como se não bastassem todos os adjetivos atribuídos ao povo brasileiro – que deveria ser civilizado e cujos membros típicos eram feios, anormais, débeis e medíocres – um termo em especial causa estranhamento, por tentar denominar a composição do brasileiro. O Brasil, conhecido mundialmente como o país do carnaval, que vende alegria e bem-estar, foi chamado por Renato Kehl, em 1923, de "país triste". Apesar das ressalvas em seu livro *A cura da fealdade*, Kehl assegura que "a tristeza, a frieza são apanágios do nosso povo". Enfatiza que a tristeza, além de ser resultado de uma herança ancestral, é também consequência da doença do povo brasileiro:

> São tristes porque descendem de três raças tristes principalmente dessa grande raça lusitana dos tristes fados, dos suspiros e creadora do mais significativo vocábulo da nossa língua – a saudade [...]. Sim, pode ser, mas o factor essencial da tristeza do nosso povo é a doença.

Admitindo que doença fosse a causa principal da tristeza de nosso povo, administrar remédios para o corpo significava mudar o semblante do brasileiro: de triste a alegre. Como ressaltou Denise de Sant'Anna, a publicidade foi fundamental para disseminar essa ideia. Os anúncios publicitários da década de 1930 mostram que a tristeza causada pela fealdade – considerada doença pelos eugenistas – torna-se injustificável com as promessas de um embelezamento fácil e miraculoso proposto pelos médicos mais diversos para curar a feiura. Essa postura, principalmente das empresas cosméticas estrangeiras – de mostrar que o uso de seus produtos representa o fim do sofrimento –, era favorecida pelo apoio dos médicos brasileiros. Nessa perspectiva, as silhuetas feias (com o sofrimento, ocasionado por elas) tendem a ser consideradas anormalidades indesejáveis e indecente sua dor excessiva e sua infelicidade. O modo como é feita a transposição da doença à degradação moral, e até mesmo ao humor, é objeto de atenção de Renato Kehl. Durante o carnaval carioca, ele atém-se a fazer a crítica ao que chama de "cenas deprimentes", num artigo de mesmo nome no *Boletim de eugenia*:

> A fealdade física e a degradação moral aproveitam a oportunidade para se exibirem com todo o seu repugnante e verdadeiro aspecto. Os indivíduos não põem máscara – tiram-na. Todo o resíduo informe da plebe, por influência diabólica do álcool e do vício, sobrenada, vem à tona, para misturar-se com a parte melhor do povo e contaminá-la pelo delírio das baixas paixões. [...] A nossa plebe é feia, desengonçada e doente: – imagine-se "caricaturizada", pintada com farinha e cal e borrada com tinta vermelha, – vestida andrajosamente em trapos, a tremilicar e saracotear-se pelas nossas ruas! [...] Será isto o carnaval digno de ser conhecido e apreciado pelos estrangeiros?

É possível constatar que, segundo as afirmativas de Kehl, parte dos brasileiros se envergonha com tais "cenas deprimentes". Quem são esses brasileiros? A elite intelectual europeizada que se mistura à plebe feia, que contaminará e degradará o "melhor" do povo brasileiro? Então o brasileiro se envergonha e a plebe é contaminada pelo vício? A fealdade e a degradação moral do povo brasileiro são argumentos de origens distintas – um biológico e o outro social –, mas são reunidas a fim de explicar a necessidade de eugenização da sociedade. O imenso mau-humor de Renato Kehl diante da vida social e pública brasileira é espantoso. Divertir-se no carnaval é ceder à influência diabólica do vício, cair no domínio dos instintos e ainda motivo de ironia e desprezo linguístico com a chamada plebe (doente, desengonçada e feia), que mais representa o cidadão comum e trabalhador: "vestida andrajosamente em trapos, a tremelicar e saracotear pelas nossas ruas!". Nossas ruas? A rua não é o lugar do público? Pela afirmação de Kehl, parece que não.

Quanto à visão dos estrangeiros em relação ao Brasil, nós, brasileiros, somos espetáculo para eles? O Brasil é uma gaiola de elementos diversos, miscigenados, adaptáveis, mestiços. Nosso país é um zoológico de cruzamentos... Os ideais de Renato Kehl expressaram bem a ideia do quanto a medicina se apropriou da espetacularização para seduzir e demonstrar as necessidades de controle sobre os corpos dos indivíduos, desde o seu nascimento, passando pelo casamento, o envelhecimento e a morte. Dessa forma, por saber que a multiplicidade dos sujeitos e a capacidade de criação de todos é infinita, os documentos nos mostraram o quanto o eugenismo brasileiro tentou criar um *superaparato* de técnicas, estratégias e condutas para que uma sociedade com um povo "melhor" pudesse ser alcançada. No entanto, a proposta de eugenizar o país não adquiriu a repercussão necessária para a implantação de suas ideias.

Foram apresentadas algumas das propostas de Renato Kehl para a erradicação do feio, da doença e do anormal. Dificilmente todas seriam esgotadas. Restam ainda proposições como a propaganda eugênica, a política asilar, o exame pré-nupcial, os testes mentais. Adiante reproduzimos na íntegra a ambição de Renato Kehl – e de grande parte dos eugenistas – de reformar a sociedade brasileira, ambição que, se por um lado é utópica, por querer uniformizar e homogeneizar a sociedade num sonho totalitário, por outro, tinha planos detalhados para a sua implantação.

Após o final da Segunda Guerra Mundial, Renato Kehl seguiu divulgando suas ideias eugênicas, mas reorientou seu discurso para uma disciplina em formação no Brasil, a Psicologia, sendo considerado um dos pioneiros no estudo da psicologia da personalidade. Atualmente, é patrono da cadeira de número 13 da Academia Paulista de Psicologia. A eugenia passou pela história do Brasil e marcou o início do século xx. Devido à resistência de médicos e legisladores, não adquiriu espaço suficiente para implantar políticas duradouras de fundo eugênico. Isso não quer dizer que as ideias desapareceram por completo do escopo de políticos e médicos. Ainda hoje presenciamos no senso comum muitas afirmativas de cunho eugenista. "Sou pobre, mas sou limpinho!". "Esse é um negro de alma branca!". "Segunda-feira é dia de branco!". "A homossexualidade é um problema genético". Se o Brasil não adotou *ipsis litteris* as ideias de Francis Galton, é certo que incorporou muitas delas. Mascarado sob uma cordialidade brincalhona, o Brasil não é exemplo de tolerância nem tampouco de igualdade social. Somos uma mescla. Somos um maravilhoso caldeirão de diferenças e multiplicidades espalhadas por um país que ainda tem muitas dívidas históricas com seu povo. É tempo de recuperar as lacunas de nossa trajetória. Encontrar o lugar na história da eugenia de tão ilustres intelectuais e cientistas brasileiros em defesa dessa "causa". Renato Kehl foi deixado sozinho no centro da história da eugenia no Brasil e caiu no esquecimento com o passar dos anos. Resta-nos saber: quão eugenista é a nossa história?

* * *

Esquema dos remédios para a eugenização do Brasil propostos por Renato Kehl no livro *Sexo e civilização*:

–   Registro obrigatório individual e genealógico das famílias.
–   Segregação dos deficientes, dos criminosos e dos socialmente inadaptados.
–   Esterilização dos anormais e criminosos com grandes taras transmissíveis por herança.
–   Procriação consciente e prevenção dos nascimentos por processos artificiais para evitar a concepção, nos casos especiais de degeneração, de doença e miséria.
–   Regulamentação eugênica do casamento e exame prenupcial obrigatório.
–   Propaganda popular de conceitos e preceitos eugênicos, por intermédio dos institutos oficiais de saúde pública.
–   Educação eugênica obrigatória nas escolas primárias, secundárias e superiores, tendo em vista a seriação dos assuntos de acordo com o grau das referidas escolas.
–   Luta contra os fatores disgenizantes por iniciativa oficial e privada.
–   Testes mentais das crianças nas escolas, em geral, e testes vocacionais nas escolas profissionais e nos cursos superiores.

- Estabelecimento de cuidados pré-natais, obrigatórios, por lei e de pensões às mais pobres.
- Regulamentação da situação dos filhos ilegítimos.
- Regulamentação da imigração sobre base na superioridade media dos habitantes do país, estabelecida por testes mentais.
- Verificação dos defeitos hereditários disgênicos que impedem o matrimônio e os que podem servir de base e pleiteação do divórcio.
- Proteção e auxílio aos indivíduos de reconhecidas capacidades superiores, mas desamparados por motivos sociais imprevistos.
- Legislação destinada ao incremento das boas estirpes (redução de impostos, direitos de preferência, etc.).

Notas

[1] Marcos Nalli, Antropologia e segregação eugênica: uma leitura das Lições de Eugenia de Renato Kehl, em M. L. Boarini, Higiene e raça como projetos, Maringá, Eduem, 2003, pp. 165-84.

[2] Alcir Lenharo, A sacralização da política, Campinas, Papirus, 1986, pp. 112-3.

[3] Jean-Jacques Courtine, O desaparecimento dos monstros, mesa redonda datada de 19/10/2001, com Denise Bernuzzi de Sant'Anna, que apresentou o trabalho Do culto ao corpo às condutas éticas no Seminário Ética e Cultura, realizado no Sesc Vila Mariana, São Paulo. Texto traduzido por Lara de Malimpensa, p. 8.

[4] Denise Bernuzzi de Sant'Anna, La recherche de la beauté: une contribution à l'histoire des pratiques et des representations de l'embellissement féminin au Brésil – 1900 à 1980, Paris, 1994, tese de doutorado em História, Universidade de Paris VII.

[5] G. Canguilhem, O normal e o patológico, Rio de Janeiro, Forense Universitária, 1991, p. 107.

[6] Jean Héritier, Le Martire d'affreux, Paris, Édition Denoel, 1991, p. 82.

Bibliografia

Antunes, J. L. F. *Medicina, leis e moral*: pensamento médico e comportamento no Brasil (1870-1930). São Paulo: Unesp, 1999.

Azevedo, Carmen Lúcia de (org.). *Monteiro Lobato*: furacão na Botocúndia. (Carmen Lúcia de Azevedo, Márcia Camargos e Vladimir Sacchetta). São Paulo: Editora Senac/São Paulo, 1997.

Black, Edwin. *A guerra contra os fracos*: a eugenia e a campanha norte-americana para criar uma raça superior. São Paulo: A Girafa, 2003

Boarini, M. L. (org.). *Higiene e raça como projetos*: higienismo e eugenismo no Brasil. Maringá: Eduem, 2003.

Bresciani, Maria Stella. *Londres e Paris no século XIX*: o espetáculo da pobreza. São Paulo: Brasiliense, 1998

Canetti, Elias. *Massa e poder*. São Paulo: Companhia das Letras, 1995.

Canguilhen, Georges. *O nornal e o patológico*. 4. ed. Rio de Janeiro: Forense Universitária, 1995.

Carvalho, José Murilo de. *A formação das almas*: o imaginário republicano no Brasil. São Paulo: Companhia das Letras, 1990.

Chevallier, Louis. *Classes laborieuses et classes dangereuses*. Paris: Hachette, 1984.

Courtine, J-J.; Haroche, C. *História do rosto*. Lisboa: Teorema, 2000.

Cunha, Maria Clementina Pereira. *O espelho do mundo*: Juquery, a história de um asilo. Rio de Janeiro: Paz e Terra, 1986.

Darwin, Charles. *A origem das espécies e a seleção natural*. Curitiba: Hemus, 2000.

_____. *A viagem do Beagle*. Trad. Caetano Waldrigues Galindo. Paraná: UFPR, 2005.

DE LUCA, Tania Regina. *A Revista do Brasil*: um diagnóstico para a (N)ação. São Paulo: Unesp, 1999.

DELEUZE, Giles; GUATTARI, Félix. *Mil Platôs*: capitalismo e esquizofrenia. São Paulo: Editora 34, 1995, v. 1 e 3.

_____. *Conversações*. São Paulo: Editora 34, 1992.

DIWAN, P. S. *Giordano Bruno:* a luz na fogueira da Inquisição. São Paulo: Iniciação científica CNPq-PUC/SP, 1999.

_____. *O espetáculo do feio:* práticas discursivas e redes de poder no eugenismo de Renato Kehl. São Paulo, 2003. Dissertação (Mestrado em História) – PUC/SP.

ENGS, Ruth Clifford (org.). *The eugenics movement*: an encyclopedia. Westport/London: Greenwood Press, 2005.

FOUCAULT, Michel. *Microfísica do poder*. Rio de Janeiro: Graal, 1979.

_____. *Os anormais*. São Paulo: Martins Fontes, 2001.

_____. *Ditos e escritos*. Rio de Janeiro: Forense Universitária, 2001.

_____. *Em defesa da sociedade*. São Paulo: Martins Fontes, 2000.

FUKUYAMA, Francis. *O fim da história e o último homem*. Rio de Janeiro: Rocco, 1992.

GALTON, Francis. *Herencia y eugenesia*. Trad. Raquel Alvarez Peláez. Madrid: Alianza, 1988.

GERALDO, Endrica. *Entre a raça e a nação:* a família como alvo dos projetos eugenista e integralista de nação brasileira entre as décadas de 1920 e 1930. Campinas, 2001. Dissertação (Mestrado) – Unicamp/SP.

GIL, José. *Monstros*. Lisboa: Quetzal, 1994.

HÉRITIER, Jean. *Le martire d'affreux*. Paris: Denoel, 1991.

JENKINS, Keith. *A história repensada*. São Paulo: Contexto, 2001.

KEHL, Renato. *A cura da fealdade*: eugenia e medicina social. São Paulo: Monteiro Lobato Editores, 1923.

_____. *A eugenia pratica*. Reimpressão d'A Folha Médica de 15 de fevereiro de 1929. Rio de Janeiro: Canton & Beyer, 1929, p. 3.

_____. *Educação eugênica*, Exemplar 1. Rio de Janeiro: Francisco Alves, 1932.

_____. *Formulário da belleza*. Rio de Janeiro: Francisco Alves, 1927.

_____. *Lições de eugenia*. Rio de Janeiro: Francisco Alves, 1929.

_____. *Por que sou eugenista:* 20 anos de campanha eugênica (1917-1937). Rio de janeiro: Francisco Alves, 1938.

_____. *Sexo e civilização*: novas diretrizes. Rio de Janeiro: Francisco Alves, 1933.

LATOUR, Bruno. *Ciência em ação*: como seguir cientistas e engenheiros sociedade afora. São Paulo: Unesp, 2000.

_____. *Jamais fomos modernos*. Rio de Janeiro: Editora 34, 1994.

BIBLIOGRAFIA 155

LENHARO, Alcir. *A sacralização da política*. Campinas: Papirus, 1986.

LOBATO, Monteiro. *O choque das raças*. São Paulo: Brasiliense, 1945.

_____. *Problema vital*. São Paulo: Revista do Brasil, 1918.

MACHADO, Roberto. *Danação da norma*: a medicina social e a constituição da psiquiatria no Brasil. Rio de Janeiro: Graal, 1978.

MAIO, Marcos Chor; SANTOS, Ricardo Ventura (org.). *Raça, ciência e sociedade*. Rio de Janeiro: Fiocruz/CCBB, 1996.

PELÁEZ, Raquel Alvarez. *Sir Francis Galton, padre de la eugenesia*. Madri: Consejo Superior de Investigaciones Científicas/Cuadernos Galileu, 1985.

PICHOT, André. *L'eugénisme ou les geneticiens saisis para la philanthropie*. Paris: Hatier, 1995.

_____. *La société pure:* de Darwin à Hitler. Paris: Flammarion, 2000.

_____. *O eugenismo*: genetistas apanhados pela filantropia. Lisboa: Instituto Piaget, 1995.

RAGO, Margareth. *Do cabaré ao lar*: a utopia da sociedade disciplinar – Brasil 1890-1930. Rio de Janeiro: Paz e Terra, 1985.

ROSE, S.; LEWONTIN, R. C.; KAMIN, L. J. *No esta en los genes*: crítica del racismo biologico. Barcelona: Critica, 1984.

SANT'ANNA, Denise Bernuzzi (org.). *Políticas do corpo*. São Paulo: Estação Liberdade, 1995.

_____. *Corpos de passagem*: ensaios sobre a subjetividade contemporânea. São Paulo: Estação Liberdade, 2001.

SCHWARCZ, Lilia Moritz. *O espetáculo das raças*: cientistas, instituições e questão racial no Brasil do século XIX. São Paulo: Companhia das Letras, 1993.

_____. *Retrato em branco e negro*: jornais, escravos e cidadãos em São Paulo no final do século XIX. São Paulo: Companhia das Letras, 1987.

SERRES, Michel. *Elementos para uma História das Ciências*. Lisboa: Terramar, 1989.

SEVCENKO, N. *A revolta da vacina:* mentes insanas em corpos rebeldes. São Paulo: Scipione, 1993.

SKIDMORE, Thomas. *Preto no branco:* raça e nacionalidade no pensamento brasileiro. Rio de Janeiro: Paz e Terra, 1989.

SOARES, Carmen. *Educação física*: raízes europeias e Brasil. Campinas: Editores Associados, 2001.

SOUZA, V. S. *A política biológica como projeto*: a "eugenia negativa" e a construção da nacionalidade na trajetória de Renato Kehl (1917-1932). Rio de Janeiro, 2006. Dissertação (Mestrado em História das Ciências) – Fundação Casa de Oswaldo Cruz/Fiocruz.

STEPAN, Nancy Leys. *Picturing Tropical Nature*. London: Reaktion Books, 2001.

_____. *The Hour of Eugenics:* race, gender and nation in Latin America. London: Cornell University Press, 1991.

TELAROLLI JR., R. *Poder e saúde*: as epidemias e a formação dos serviços de saúde pública em São Paulo. São Paulo: Unesp, 1996.

TIBON-CORNILLOT, Michel. *Corpos transfigurados*. Lisboa: Instituto Piaget, 1994.

TOTA, Antonio Pedro. *O imperialismo sedutor*: a americanização do Brasil no período da Segunda Guerra. São Paulo: Companhia das Letras, 2000.

VIGARELLO, Georges. *História da beleza*: o corpo e a arte de se embelezar, do Renascimento aos dias de hoje. Rio de Janeiro: Ediouro, 2006.

WENDLING, Paul. *L'hygiène de la race:* hygiène raciale et eugenisme médical em allemagne, 1870-1933. Paris: Découverte, 1998, t. 1.

WHITE, Hayden. *Trópicos do discurso*. São Paulo: Edusp, 1994.

WILKIE, Tom. *Projeto Genoma humano*: um conhecimento perigoso. Rio de Janeiro: Jorge Zahar, 1994.

FONTES

ACTAS DE TRABALHO. Primeiro Congresso Brasileiro de Eugenia. Vol. 1. Rio de Janeiro, 1931.

ANNAES DE EUGENIA. São Paulo, 1919.

BOLETIM DE EUGENIA. *Rio de Janeiro (1929-1931)*.

KEHL, Renato. A campanha da eugenia no Brasil. *Archivos brasileiros de hygiene mental*, n. 2, mar.-abr. 1931.

_____. A Eugenia no Brasil: registro de uma data comemorativa. *A Gazeta*, mar. 1951. Papéis avulsos.

_____. *A cura da fealdade*: eugenia e medicina social. São Paulo: Monteiro Lobato Editores, 1923.

_____. *A eugenia pratica*. Reimpressão d'A Folha Médica de 15 de fevereiro de 1929. Rio de Janeiro: Canton & Beyer, 1929, p. 3.

_____. Anões e gigantes. *Eu sei tudo*, n. 70, mar. 1923.

_____. *Educação eugênica*. Exemplar 1. Rio de Janeiro: Livraria Francisco Alves, 1932.

_____. Filhos de Luéticos. *Jornal Correio da Manhã*, 17 de outubro de 1923.

_____. *Formulário da belleza*. Rio de Janeiro: Francisco Alves, 1927.

_____. *Lições de eugenia*. Rio de Janeiro: Francisco Alves, 1929.

_____. O que pretendem os eugenistas. *Revista Terapêutica*, Rio de Janeiro, separata, n. 3, 1942.

_____. *Por que sou eugenista*: 20 anos de campanha eugênica (1917-1937). Rio de janeiro: Francisco Alves, 1938.

_____. *Revista terapêutica*. Rio de Janeiro, n. 4, abr. 1954.

_____. *Sexo e civilização*: novas diretrizes. Rio de Janeiro: Francisco Alves, 1933.

ICONOGRAFIA

Introdução

Pág. 15
American Philosophical Society.

Capítulo
A eugenia e sua genética histórica

Pág. 22
"Discóbulo", Valerio Perticone/
Creative Commons.

Pág. 24
"Homem Vitruviano", desenho de
Leonardo da Vinci para a tradução do
italiano da obra "De Architectura", de
Marcus Vitruvius Pollio. Ministero
per i Beni e le Attività Culturali,
Polo Museale Veneziano.

Pág. 25
Gravura do livro ii de *De humani
corporis fabrica*, de Andreas Vesalius,
1543. National Library of Medicine.

Pág. 29
Fotografia sem data.
Biblioteca do Congresso, Washington.

Pág. 34
Ideal Homes: Suburbia in Focus.

Pág. 38
Fotografia sem data. The Galton
Institute, London.

Pág. 43
The Galton Institute, London.

Capítulo
"Super-homem" no poder

Pág. 49
Divulgação / First Run Features.

Pág. 51
Divulgação / First Run Features.

Pág. 52
Cold Spring Harbor
Laboratory Archive.

Pág. 55
Divulgação / First Run Features.

Pág. 62
Journal of Heredity, 1922/
Indiana University.

Pág. 67
Archiv der Max-Planck-Gesellschaft,
Berlin-Dahlem.

Pág. 72
Divulgação / First Run Features.

Capítulo
O paradoxo tupiniquim

Pág. 88
Jean Baptiste Debret, "Os refrescos do
Largo do Palácio", Biblioteca Nacional.

Pág. 90
Augusto Stahl, Visões do Brasil 3, 2001/
Peabody College, Harvard.

Pág. 95
Fiocruz/Casa de Oswaldo Cruz,
Reprodução.

Pág. 101
Almanaque do Biotônico,
1935 / Reprodução.

Pág. 118
Museu Histórico da Imigração Japonesa
no Brasil, São Paulo, Reprodução.

Capítulo
Renato Kehl, o médico do espetáculo

Pág. 124
Academia Paulista de Psicologia,
Reprodução.

Pág. 127
Edwin / Creative Commons.

Págs. 129 e 130
Reprodução.

Pág. 135
Paramount Pictures / Divulgação.

Pág. 137
A cura da fealdade, 1923 / Reprodução.

Pág. 142
A cura da fealdade, 1923 / Reprodução.

Pág. 144
A cura da fealdade, 1923 / Reprodução.

A AUTORA

Pietra Diwan é historiadora. Mestre em História pela PUC-SP, é especialista em Ciência, Tecnologia e Sociedade pela Universidade de Granada (Espanha). Foi editora-assistente da revista *História Viva* e atualmente desenvolve pesquisa sobre as concepções de beleza e saúde na eugenia norte-americana e sua influência no Brasil. Também atua como editora de imagem *freelancer*.